岩波科学ライブラリー 270

広辞苑を3倍楽しむ その2

岩波書店編集部 編

岩波書店

はじめに

本書は、10年ぶりに改訂された広辞苑第7版の刊行（２０１８年1月）にあわせ、雑誌『科学』に掲載された同名のリレー連載「広辞苑を3倍楽しむ」の２０１２年7月号以降のものに、第7版で新しく収められた言葉についての書下ろしを加えて構成したものです。広辞苑からの引用部分は、すべて第7版の記述としました。

同連載は、広辞苑第6版の刊行（２００８年1月）を機にスタートしました。連載初期のものについては、２０１４年4月に『広辞苑を3倍楽しむ』として刊行しています。この本は、その続編です。

まず広辞苑の記載の面白さが1つめの楽しみ。魅力的な写真やイラストを2つめ、解説エッセイを3つめの楽しみとして跳躍し、大きく広がるように。そんな気持ちを込めた題名です。広辞苑が言葉の確かな参照点としていきいきと読み継がれ、「広辞苑によれば」がこれからも知的な楽しみの合い言葉になることを願っています。

岩波書店編集部

カバー、章扉の写真はすべて本文中の写真の一部です。
解説・出典等は本文をご参照ください。

目　次

さ行

た・な行

は・ま・や・ら・わ 行

あ 行

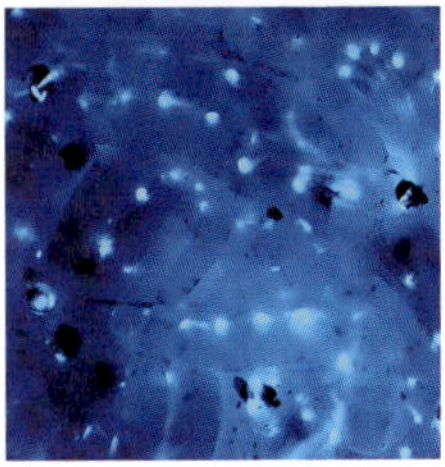

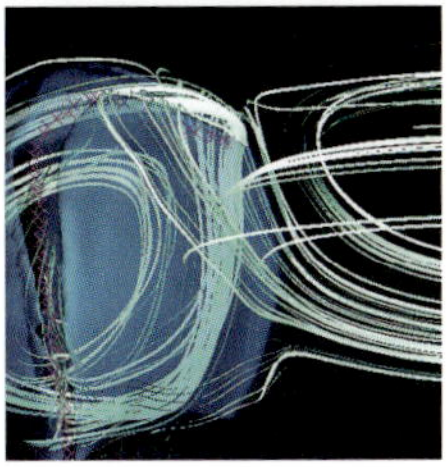

我々の住む地球にはさまざまな色の光が降り注いでいるが、海に少し潜れば、そこは青色の光が溢れる世界だ。これは、海水中で最も遠くまで届く光の色が青色だからであり、このことは海に住むさまざまな生物の性質に影響を与えている。たとえば、発光生物が放つ光の色がそれだ。陸を住処とする発光生物には黄色(ホタル)や緑色(発光キノコ)を放つものが多くいるのに対して、海に住む発光生物はほぼ全てが青い光を放つ。その中でも特に興味深いの

寒天培地上に発光バクテリアで書いた文字．上が暗条件，右下が明条件．

は、ヒカリキンメダイやチョウチンアンコウなど、発光器を持つ生物だ。彼らは身体に青色の光を放つ発光バクテリアを共生させることによって、発光する能力を得ている。

光を放つ能力はどうやら、バクテリアを共生させてまで得たい〝役に立つ能力〟らしく、今この瞬間にも、海のいたるところで、生死をかけた青色光のコミュニケーションが行われている。

（吉澤 晋）

ヒカリキンメダイ．目の下の白い部分が発光器で，この中に発光バクテリアを共生させることで青い光を放つ．

あお アヲ【青】

（一説に、古代日本語では、固有の色名としては「あか」「くろ」「しろ」「あお」があるのみで、それは明・暗・顕・漠を原義とするという。本来は灰色がかった白色をいうらしい）①七色の一つ。また、三原色の一つ。晴れた空のような色。「空の—、海の—」（②以降は省略）

童謡でもお馴染みの「あかとんぼ」という単語は、一般的には赤いトンボの総称として用いられている。「あかとんぼ」の仲間は、通常メスや若いオスは橙・黄色系で、オスが成熟すると、体色が鮮やかな赤色へと変化する。

一方で、昆虫の研究者は、「アキアカネ」や「ナツアカネ」などトンボ科アカネ属のトンボの総称として、「アカトンボ」を使用することが多い。この定義では、日本で最も赤いトンボとして知られる「ショウジョウトンボ」は、アカトンボには含まれなくなってしまう。

アカネ属のトンボは、日本から21種類が記録されているが、中には赤くならない種も存在する。「オオキトンボ」はオスが成熟しても橙黄色のままで、「ムツアカネ」や「マダラナニワトンボ」の成熟オスは黒い。日本固有種の

あか‐とんぼ【赤蜻蛉】

①小形で体色が赤みをおびたトンボの俗称。②アカネ属のトンボの総称。アキアカネ・ナツアカネなど種類が多い。あかねとんぼ。赤卒《あかえんば・せきそつ》。〈季秋〉③唐辛子の隠語。④赤く塗って練習機として用いた複葉《ふくよう》飛行機の俗称。

「ナニワトンボ」は、世界で唯一、成熟オスが水色になるアカトンボである。「赤くならないアカトンボ」とは、何とも奇妙な響きのするトンボたちである。

（二橋　亮）

(上)ショウジョウトンボの成熟オス．茨城県，2016 年 7 月 20 日，二橋亮撮影．
(下)ナニワトンボの成熟オス．兵庫県，2012 年 9 月 16 日，二橋亮撮影．

「あさくさのり」は「浅草海苔」。江戸時代に浅草あたりで採れたノリだからとか、浅草の門前市などで売られた乾海苔の商品名由来だとかの説がある。明治になって、その原料となるノリの種類を、日本の藻類学の祖、岡村金太郎博士はそのものずばり「アサクサノリ」と名づけた。

アサクサノリは、赤い藻類である紅藻類の仲間だ。内湾の河口付近など淡水の入り込む場所に広がる干潟が主な生育場所である。ノリの養殖が始まった江戸時代から昭和20年代まで、養殖ノリと言えばこの種類だった。しかしその後、乾海

あさくさ‐のり【浅草海苔】

①（江戸時代、隅田川下流の浅草辺で養殖したからいう）紅藻類ウシケノリ科の海藻。薄い笹の葉形で、縁に著しいしわがある。全長五～三〇《センチメートル》、幅一～一五《センチメートル》。生時は濃緑紫色、乾燥すると紫黒色。冬に採集、乾して食用。かつては東京湾内をはじめ、全国各地で養殖されたが、現在は絶滅危惧種。カキツモ。ムラサキノリ。〈季春〉。露伴、辻浄瑠璃「香料《みやく》は京に珍しき―紅葉おろし」②乾海苔《ほしのり》の称。

苔にすると色が黒く、よい製品となるスサビノリという別の種類が養殖に使われるようになって、アサクサノリは用いられなくなるとともに、生育場所の干潟が開発で減少し、今や絶滅危惧種となってしまった。最近までに確認された生育場所は全国で50カ所程度。再びの養殖も試みられているが、病気に弱いなど、なかなかに難しい面が多いという。

（菊地則雄）

干潟に生えるアサクサノリ（下）とその標本（上）.

植物は光合成によって炭素を獲得し、そのほかの栄養素を土壌から吸収している。しかし、タネが芽吹いたその土地が常に栄養豊富であるとは限らない。そのような貧栄養環境において、虫を〝食べる〟ことで栄養素を補いつつ生きるのが食虫植物である。通常、植物の葉は光合成に都合のよい扁平な形をしているものだが、彼らの葉は捕虫に適した独自の形へと進化を遂げている。

春先に普通葉を芽吹くフクロユキノシタ．アルバニー（オーストラリア）にて撮影．

進化の一極端ではあるものの、彼らが植物であることに変わりはない。炭素の獲得は依然として光合成に頼る必要があるため、葉は捕虫と光合成という相容れない使命を帯びることになる。食虫植物フクロユキノシタは、この板挟みに応じる変わった能力をもつ。育つ環境によって、落とし穴型捕虫葉と光合成用の普通葉を作り分けることが可能なのだ。傲然と構える捕虫葉の脇に慎ましげな普通葉がちょこなんと佇めば、食虫植物特有のジレンマに抗する苦労の跡が垣間見える。

（福島健児）

いた-ばさみ【板挟み】

（板と板との間に挟まって動けない意から）二つの立場の間に挟まってどちらにつくこともできない苦しい立場に立つこと。「部長と部下との—になる」「義理と人情の—」

イネのツマと書くだけあって、稲妻とイネの関係は深い。雷は高いものに落ちるイメージだが、実は平坦な水田に落ちることも意外とあり、いくつも記録がある。落ちた地点と思われる場所を中心に、半径数メートルに葉の変色などの生育障害がみられることが多い。一方で、真偽のほどは不明ながら、カミナリが落ちた水田のイネはよく実るという言い習わしもある。

私は、さまざまな気象条件がイネにどのように影響するかを、遺伝子発現を調べることで研究している。そのため、落雷や台風など、珍しい気象条件下のサンプルは貴重だ。台風直撃時に2時間おきに水田に行っては葉を採集、ということはしたことがあるが、残念ながらまだ落雷後のサンプルはない。

もし、みなさんが運よく水田への落雷に気づくことがありましたら、ぜひご一報ください。稲妻のような速さで駆けつけます。

（永野　惇）

いな-ずま：ヅマ【稲妻・電】（「稲の夫《つま》」の意。稲の結実の時期に多いところから、これによって稲が実るとされた）①空中電気の放電する時にひらめく火花。多く屈折して見える。また、それが空に反映したもの。動作の敏速なさま、また瞬時的な速さのたとえに用いる。いなつるび。いなたま。いなびかり。〈季秋〉。古今恋「秋の田の穂の上をてらす―の光の間にも」→電光。（②以下は省略）

©Brett Jordan

「沼」という言葉から、どのような情景が浮かぶだろうか。草が生い茂り、泥が深く、立ち入りがたい場所？「湖」の爽やかさに対して、どこか恐ろしげな印象かもしれない。しかし沼は、多くの野生生物にとっては楽園だ。温かく栄養に富む水は、多様な植物とプランクトンの生育・生息を可能にする。そしてこれらを隠れ家や餌として利用する魚やエビ類が集まる。ナマズ、ウナギ、コイとい

UAV（無人航空機）で撮影した印旛沼の風景．水面には漁具がみえる．
提供：千葉大学近藤昭彦教授．

った沼の魚は、コメとともに日本の食文化を形づくってきた。沼は「人と自然の賑わい」の場所であった。

　戦後、食糧増産の必要性と土木技術の発達を背景に、国内の多くの沼が干拓された。印旛沼もその1つであり、昭和40年代の干拓事業によって、かつての水辺が近代的な水田や堤防に変わり、多くの生物が姿を消した。しかし近年では、水質や水循環の改善、水草の再生、外来生物の管理と利用などの取り組みが地域住民・農家、行政、学生、研究者の協働により進められ、沼は新たな賑わいをみせ始めている。（西廣　淳）

印旛沼の土壌シードバンク（土の中の種子）から復活した水草コウガイモ．らせん状の器官は先端に花がついていた茎．

いんば‐ぬま【印旛沼】

千葉県北部にある湖沼。もと周囲四七キロメートル、面積二一平方キロメートルであったが、干拓により北印旛沼(面積六・三平方キロメートル)と西印旛沼(五・三平方キロメートル)とに分かれる。利根川に通じ、ナマズ・ウナギ・フナなどを産した。

街は喧騒に満ちている。しかし、心地よいはずの自然の音だって、耳元でくりかえされれば、うるさく感じることもある。鹿児島県トカラ列島の中之島では、春になると、こんな嘆声を耳にする。

「あー、うるさい。あの鳥が鳴き出したら、朝もおちおち寝ていられない」

鳴き声の主はアカヒゲ。琉球列島周辺の固有種で、大きさはスズメほど、朱色の背中と白いお腹のコントラストが鮮やかだ。コマドリと近縁の種で、さえずりが美しく、江戸時代の飼育指南書『飼籠鳥』には「さえずりはおよそ諸鳥の長というべし」と記されている。生息数は決して多くはないのだが、中之島に限っては密度が高い。人家の庭にもやってきて、朝から晩まで鳴いている。それで、かつて名を馳せたレアな美声も「あー、うるさい」と迷惑がられることになる。中之島ならではの、なんとも贅沢な悩みである。

(関　伸一)

うるさ・い

【煩い・五月蠅い】

《形》文うるさ・し(ク)同じ行為・音がくりかえされていやになり、やめてほしいと感じる状態。(中略)③音や声が邪魔になり腹立たしい。やかましい。「―・い。静かにしろ」(①、②および④以降は省略)

アカヒゲ．国の天然記念物でもある．

集落までアカヒゲがやってくる島，
トカラ列島中之島．

未確認物体の名前を、とりあえず外見の類似から身近なものにたとえて表現する。こういった通俗的な命名は、形しか保存されない化石の話でよく耳にする。古生代の地層から産出する腕足動物スピリファー類の化石は、翼を広げたような2枚の殻の内側に、濾過器官を支える螺旋の骨組みをもつ。ツバメの姿を連想させるその化石は「石燕」と称され、医療的効能や幸運をもたらす俗信、あるいは『竹取物語』のかぐや姫が結婚の条件に要求した「燕の持たる子安の貝」など、世に流布された「燕石伝説」の起源ともされている。

海底の流れに身を任せたスピリファー類は、殻の内側で自動的に螺旋の渦を生み出す形態機能を備えていた。渦の流れと同調する螺旋状の濾過器官は、海水中のエサを効率的に濾過できる。まるで、左右2つの旋回室を備えた天然のサイクロン掃除機だ。燕石の1つとして迷信的な令名を馳せたスピリファー類は、その精緻な殻のデザインに、流れを巧みに利用する優れた機能性を秘めていたのである。（椎野勇太）

えん‐せき【燕石】
（燕山から出る石の意）玉に似て玉でない石。まがいもの。転じて、価値のない物を宝として誇ること。また、才のない者が慢心すること。椿説弓張月続編「立ちならびては玉と―のごとくなるに」

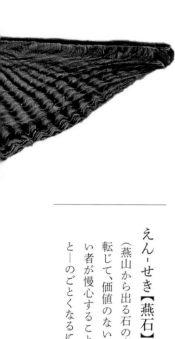

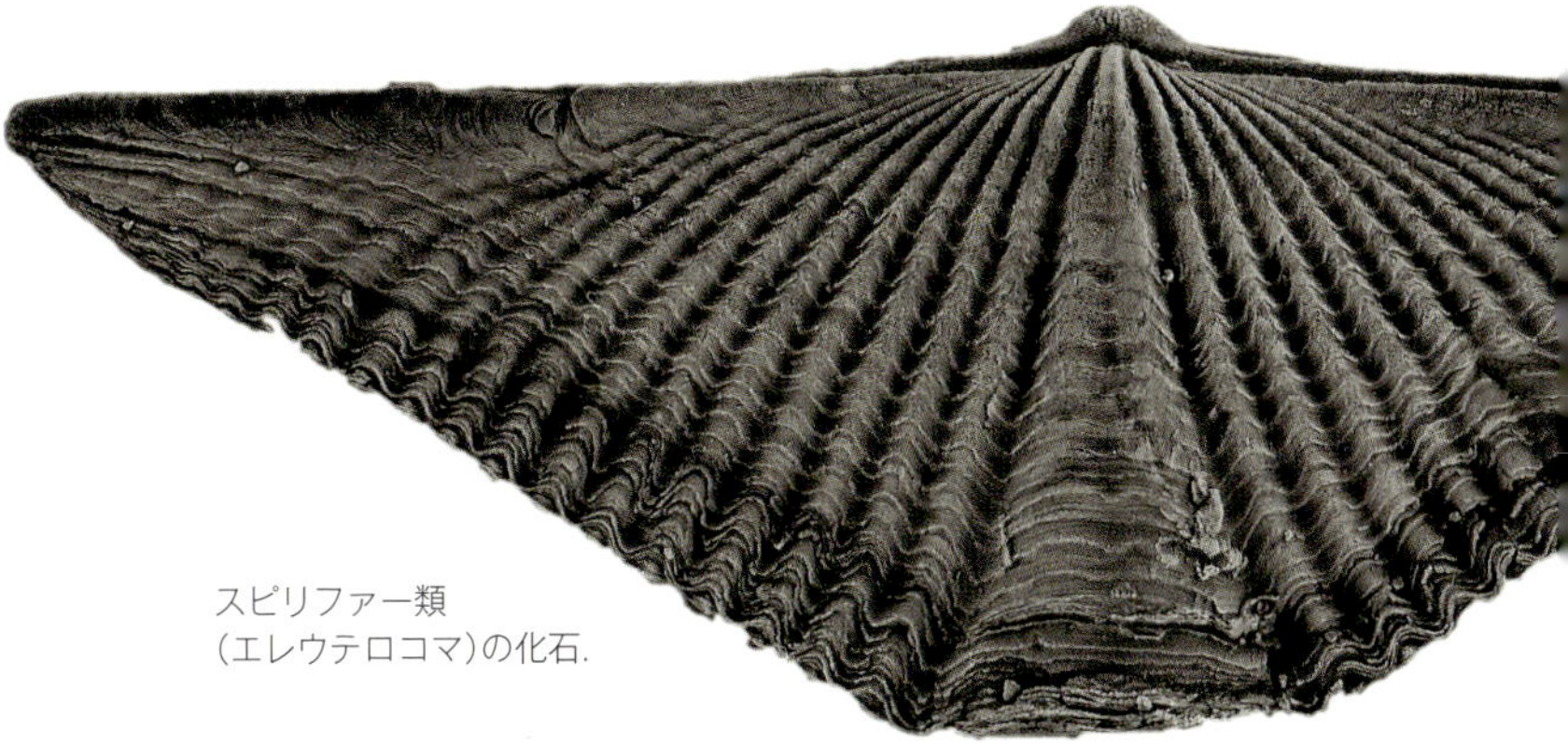

スピリファー類
(エレウテロコマ)の化石.

スピリファー類(パラスピリファー)
の化石.

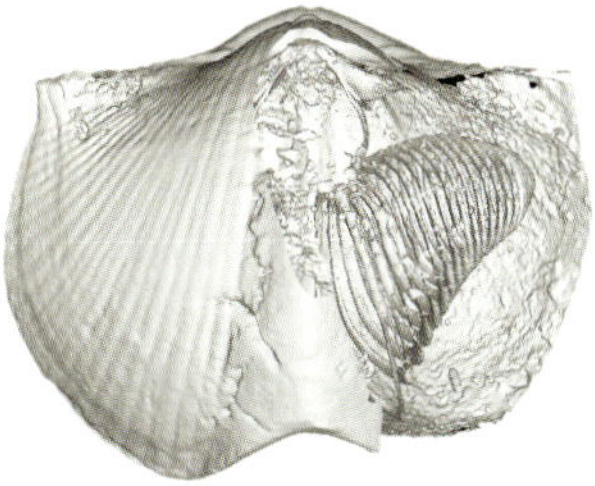

X 線 CT スキャンにより復元された,
パラスピリファーの内部構造.

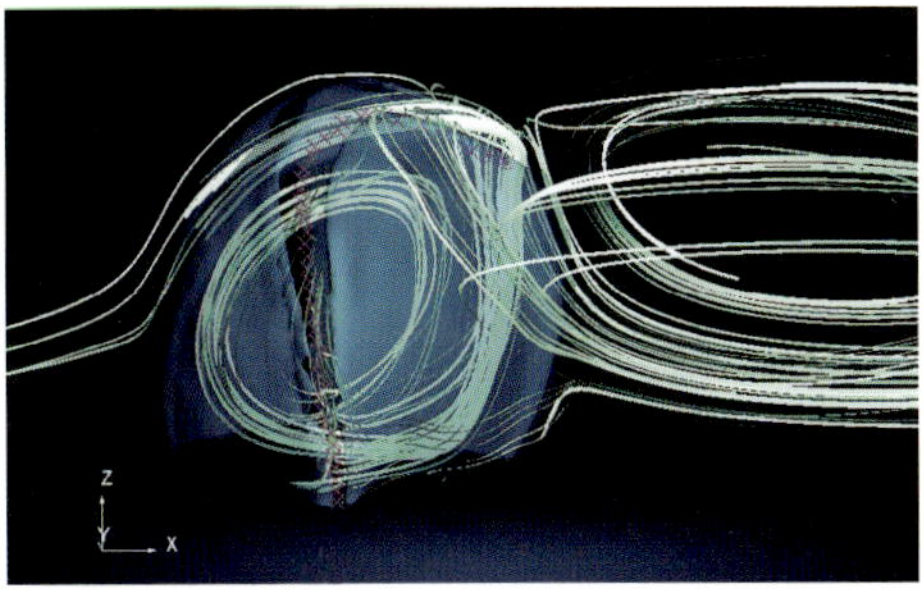

スピリファー類の内部お
よび周囲に生じる流れの
シミュレーション結果.
流れは白線で示す.

2011年に新種として発表された時、この鳥には和名がなかった。発見地がハワイだったので致し方ないことだ。しかし、2012年に私を含む研究チームはこの鳥を小笠原諸島で発見した。

日本にいる以上は和名が必要である。私たちは知恵を絞った。「オガサワラ」と「ミズナギドリ」は不可欠、問題は何でつなぐかだ。特徴は体の小ささである。「チビ」「ミニ」「マメ」などの候補を退けて選ばれたのは、

おがさわら‐ひめみずなぎどり【小笠原姫水薙鳥】 ヲ:ハラ :ミヅ:

ミズナギドリ科の鳥。全長三〇センチメートル弱、上面は暗褐色で下部は白い。個体数が少なく、一九六三年にミッドウェー諸島で発見された標本をもとに二〇一一年に新種として認定。のち小笠原諸島で生息が確認された。英名ブライアンズ‐シアウォーター。

第7版 新加語

無難な「ヒメ」である。

しかし、本当に無難だったろうか。今更だが、この鳥の半数は雄だ。ヒメ扱いなぞイジメを招く差別的命名との非難も免れまい。男女同権の現代に大失態である。いや、まだ言い逃れは可能だ。なぜならば生物の和名はカタカナが基本なので、我々は漢字表記を発表していないのだ。

この鳥の研究は端緒についたばかりで、生態はまだ謎を秘めている。よし、「姫」と表記するのは誤解で、「秘め」だったことにしよう。そうしよう。

（川上和人）

オキアミのほとんどの種類は発光する。発光器は眼下に1つずつ、頭胸部の腹側に2対、腹部の腹側中心に4個あるのが基本パターン。その光るようすは、じつは手近な材料で簡単に観察できる。釣り餌として売られている生のまま冷凍されたオキアミのブロックを買ってきて、冷たい水で解凍したらすぐに真っ暗な部屋にもっていく。じっと目を凝らすと、たちまち青色に光るようすが肉眼でぼんやり見て取れる。発光反応に関与するオキアミのルシフェリン（基質）とルシフェラーゼ（酵素）がそのまま残っているため、解凍すると両者が反応して光りはじめるのだ。腹側だけが光ることの生態学的意義は、海面からの光でできる自分のシルエットを、下から見上げる外敵から見えにくくする役割（カウンターイルミネーション）だと考えられている。

（大場裕一）

おき‐あみ【沖醤蝦】
オキアミ目の甲殻類の総称。エビに似るがやや小形で、多くは体長三センチメートル内外。頭胸部の胸脚の基部にある鰓は裸出。胸肢はすべて内・外肢に分かれる二叉型。海産、外洋浮遊性で、世界で七五種だが、生物量は多く海鳥・魚類の餌として重要。ナンキョクオキアミは鯨の重要な餌料。また漁獲して「むき蝦」とするほか、養殖魚の餌とする。

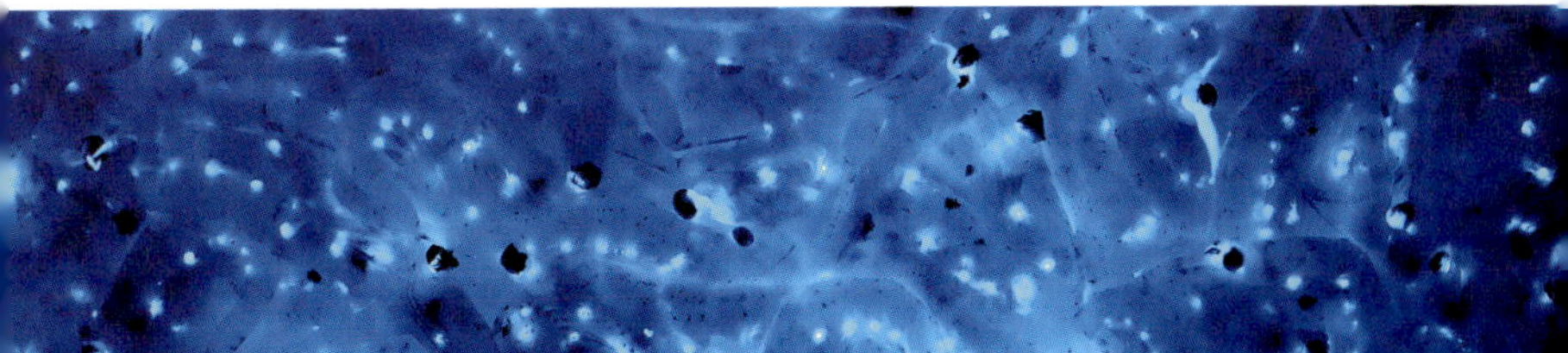

釣りの撒き餌に使われるツノナシオキアミ．発光は解凍してから 1 時間以上は持続する．

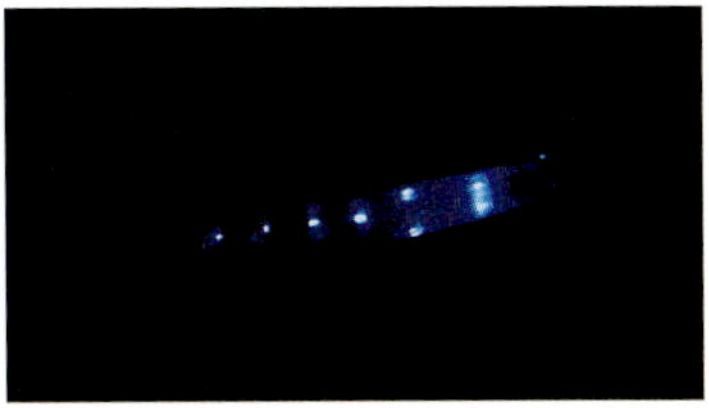

解凍したナンキョクオキアミの腹側．眼下の発光器の光は，写真では見えていない．

私たちヒトは実におしゃべりな生き物だ。とにかく一日中おしゃべりをしている。〝女子会〟が開かれれば何時間でも話題は尽きず、仕事帰りの居酒屋では延々と会社や上司の愚痴をこぼす。こうしたヒトのおしゃべりの大半は、他人の噂話が占めるそうだ。「誰と誰は仲がよい」「あの人は出世欲が強い」など、「社会関係」に分類される話題だ。つまりヒトは、社会関係の構築と維持のためにおしゃべりをする。

一方、私たちの近縁であるサルを含む多くの動物は、「グルーミング」つまり毛づくろいによって、彼らの社会を維持する。だからヒトの言語ほどの音声パターンはもたない。

ただし、例外といえる動物もいる。それがゾウだ。動物園などで一見無口に見える彼らは、実は私たちには聞こえないほど低い声で、かなり頻繁におしゃべりをしている。ゾウが使い分ける音声パターンは、解読されているだけでも80種類を超える。私たちがゾウを見て「大きいなぁ！」と感想を述べているとき、彼らも「二本足で歩く変な動物だな」と噂しているのかもしれない。

（入江尚子）

お-しゃべり
【御喋り】
①口かずの多いこと。また、そういう人。「—な奴だ」②雑談。「街角で—する」

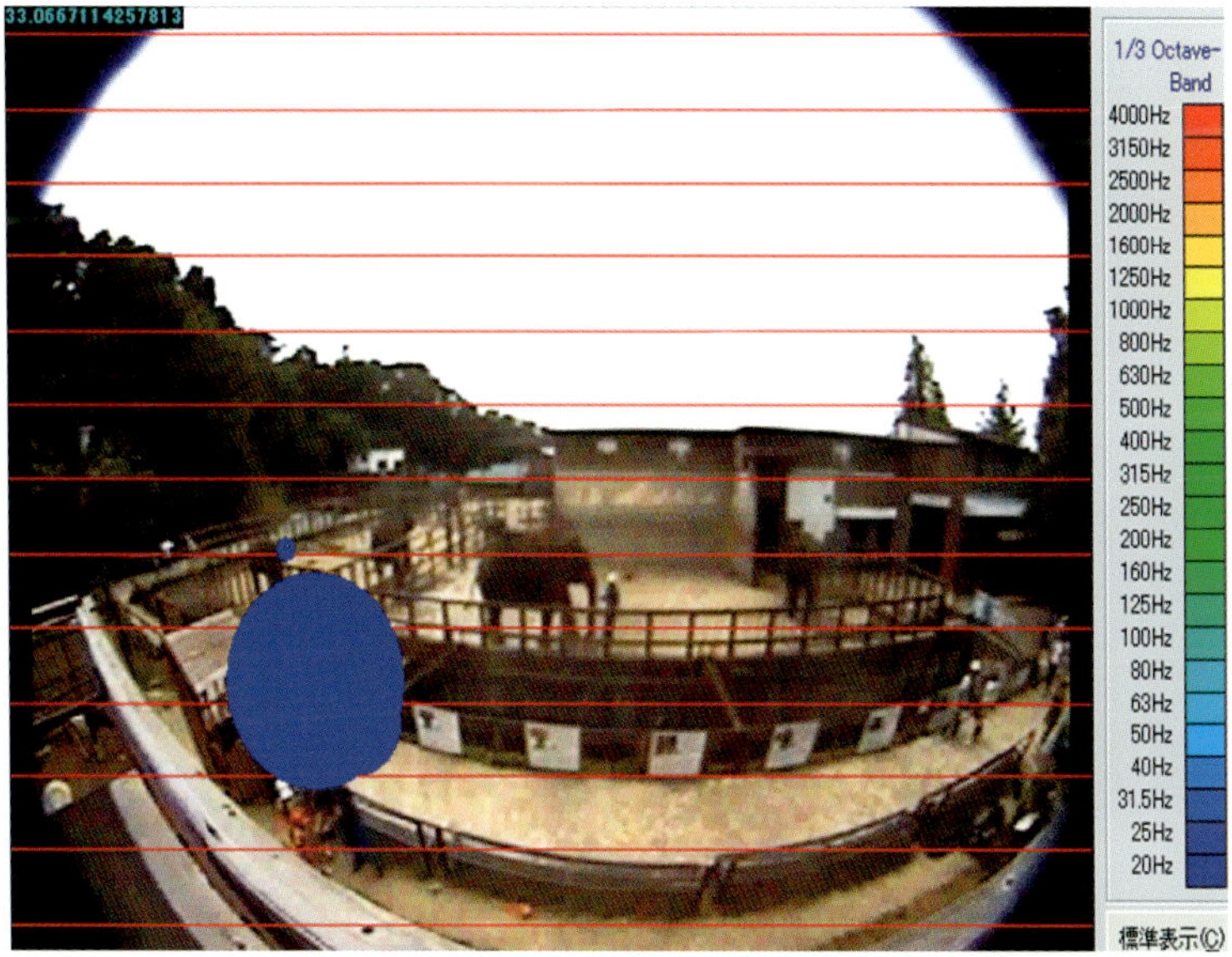

「音カメラ」の画像．画面に出ている円の位置は音の発生源，青い色は低周波音，大きさは音の大きさを示す．ゾウの出す低周波音は私たちの耳で聞き取ることはできないが，このように目で確認できる技術が開発されている．市原ゾウの国にて撮影．

遠賀の名は、その下流域一帯が古くは岡《をか》と呼ばれていたことがその由来という。

江戸時代の本草学者・貝原益軒の著書『筑前国続風土記』には、遠賀川についてさまざまなことが記されている。アユのこと、サンショウウオのこと、そして響灘から遡上してくるサケとそのサケを神の使いとして祀った鮭神社のこと。遠賀川は豊かな生きものとそれらにまつわる多彩な文化を育んできた。

大正時代、水洗により石炭を選別する方法が行われるようになると、遠賀川の水は真っ黒に汚れ、いつしか「ぜんざい川」と呼ばれるようになった。たくさんの魚が死んだ記録が残っている。

現在、かつての炭田は閉鎖され、その水は元の姿を取り戻しつつある。２０１２年になって、遠賀川

オンガスジシマドジョウ *Cobitis striata fuchigamii* Nakajima, 2012.

の固有亜種・オンガスジシマドジョウが発見された。水が汚れた厳しい時期を、誰にも知られず生き抜いたのだ。

　多くの貴重な生きものを育む遠賀川を、今度こそ大切にしていきたい。（中島　淳）

おんが-がわ ヲン:ガハ

【遠賀川】

福岡県南東部の馬見山（標高九七八メートル）などに発源し、北流して響《ひびき》灘《なだ》に注ぐ川。流域に筑豊炭田があり、石炭輸送に利用された。長さ六一キロメートル。

夏の遠賀川中流域（福岡県嘉麻市大隈町付近）．鮭神社はこれより少し上流に位置する．

か 行

幼少の頃は、手で生きものの影絵を作ってよく遊んだものだ。今でも、うまい具合に影ができる場所に出くわすと、つい手を伸ばしてキツネを作ってしまう。そんな親しみのある影絵だが、今は自分で作るよりも、野山で探す自然の影絵に熱を上げている。

自然の影絵は、さまざまな条件が重ならないと現れない。木々の葉の影が偶然にも何かの形を作りあげてしまったり、光の具合で生きもの自体がシルエットになって立ち現れたり。いずれにせよ、自然の影絵は神出鬼没。光や風や生きもののちょっとした変化や動きで、たちまち現れることもあれば、呆気なく消え去ってしまうこともある。そんな刹那的なところが大きな魅力なのかもしれない。だから出会えた時は、密やかな自然の表情を見てしまったようで、じんわりと深く感動してしまうのだろう。

（佐藤岳彦）

かげ‐え《ヱ》【影絵・影画】

①人物・鳥獣などを模した形を灯火で照らして、障子・壁などにその影をうつす遊戯。影人形。

②走馬灯《そうまとう》。回り灯籠。

自らの卵塊に片足を取られ，宙づりで息絶えたモリアオガエル．夕刻の陽光が沼に差し込み，束の間の「死の影絵」が現れた．

降り積もった雪が風で低く舞うサンクスギビングの前夜、ここはオーロラにロケットを打ち込むことで知られるポーカーフラット実験場。２０１４年11月の新月の夜、市販のデジタルカメラを使って、３地点からのオーロラ精密立体視測定に初めて成功した。

オーロラが上空１００キロメートル、つまり雲よりもはるか彼方の真空に近い宇宙空間で発光していたことが三角測量によって明らかにされたのは、つい１００年前のことだ。オーロラの高さは、宇宙から降り注ぐ電子が地球の大気のどれくらい深くまで達しているかを表している。これからは、世界中で同時に撮影されたオーロラ写真が同様に分析されることで、地球規

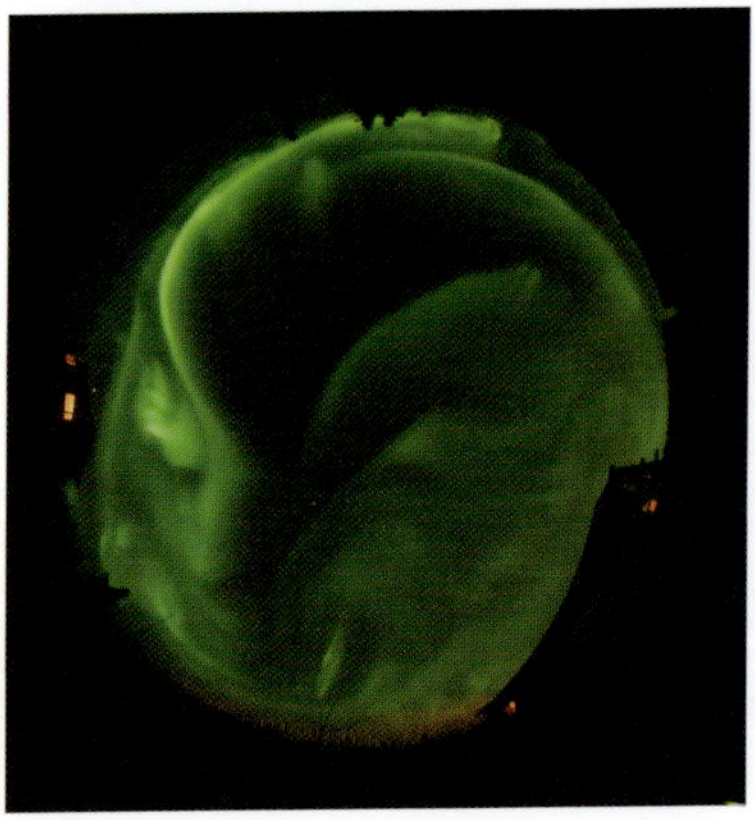

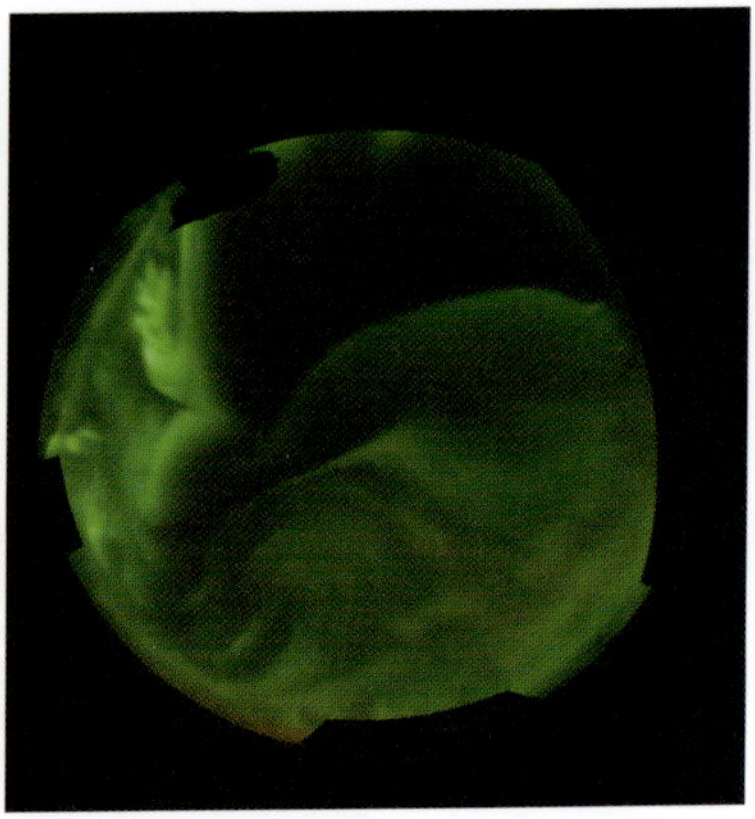

模様に広がるオーロラの輪の詳細な高さ分布と、その地球大気への影響が明らかになっていくだろう。

（片岡龍峰）

かなた【彼方】

〘代〙遠くはなれた方。あちらのほう。むこう。徒然草「あはれに見るほどに、—の庭に」。「はるか海の—」

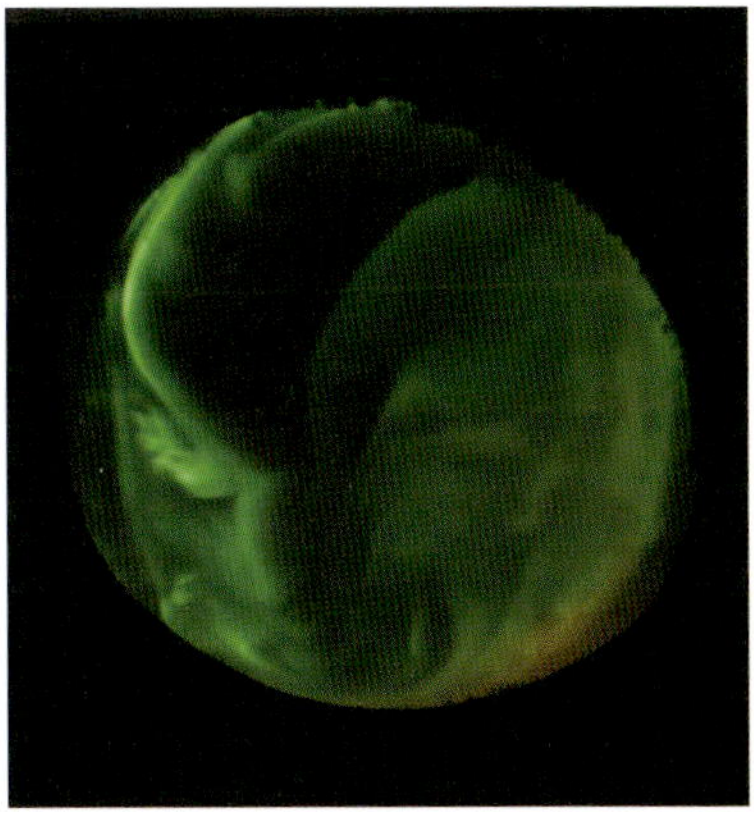

（右から）アラスカ州ポーカーフラット，オーロラボリヤレスロッジ，ペドロモニュメントの３地点で同時撮影されたオーロラ爆発の円周魚眼写真．

アフリカ原産ネムリユスリカの幼虫は、岩盤にできた小さな水たまりに生息し、灼熱の乾季には体の水をほぼ完全に失った状態で無代謝の休眠に入り、次の雨季を待つ。雨が降ると吸水し、何事もなかったかのように1時間ほどで蘇生し動き出す（図1）。幼虫は脱水に伴い血糖であるトレハロースを大量に合成し、それが水の代わりに生体成分や細胞を護りながら最後は体がガラス状になる。乾燥幼虫を80℃以上の高温下に置くと再水和後の蘇生率が著しく低下する。高温でガラスが溶け出し、生体成分が酸化を受け変性するからである。無代謝で休眠することから、乾燥幼虫を国際宇宙ステーションの船外、すなわち宇宙空間に2年半、直接暴露したのちに回収する実験が行われた（図2）。幼虫を入れていたポリエチレン容器が80℃以上の熱で溶けていたにもかかわらず、暴露幼虫は再水和後に蘇生した。宇宙空間には酸素がない。ガラスが溶けても幼虫は酸化を免れたのである。全く驚異的な昆虫である。

（奥田　隆）

かん-みん【乾眠】

第7版 新加語

動物が乾燥・凍結など厳しい環境に耐えるために脱水し、活動を停止した状態。水の供給により再び活動する。クマムシやネムリユスリカなどに見られる。

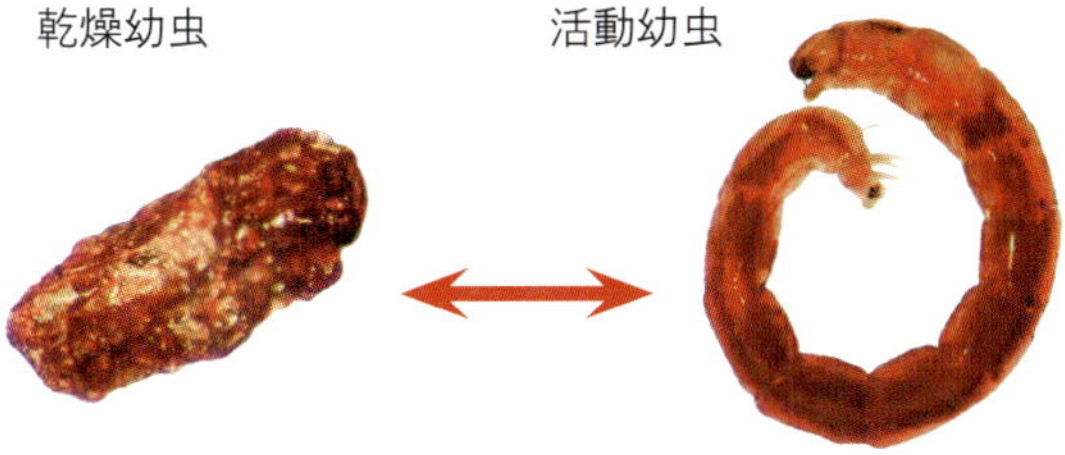

図１　ネムリユスリカ幼虫は乾燥と蘇生を何度も繰り返すことができる.

図２　ポリエチレン容器に入った乾燥幼虫が，さらに金属カニスターに梱包され，２年半の間宇宙空間に暴露されたのち回収される.

樹

木は毎年、樹皮のすぐ下にある形成層が新しい細胞を生産し、年輪を重ねて太くなる。形成層は木部の最外層(樹皮をめくったところ)にあるため、年輪は外側のものほど新しく、樹木は毎年新しい皮を1枚羽織るように成長していく。

巨木といえば樹齢数千年の老木を連想するが、長寿の木ほどゆっくりと成長するため、必ずしも巨木になるとは限らない。年輪によって確認されている最高齢の木は米国カリフォルニア州の亜高山帯に生息するイガゴヨウマツで、樹齢は約4800年だが、樹高は15メートル程度しかない。幹の体積が世界一大きいのは同じカリフォルニア州に分布するジャイアントセコイア(写真左)で、世界最大の木は幹直径11メートル、樹高約83メートルである。日本一の巨木(幹回り)は鹿児島県にある「蒲生の大クス」で幹直径8メートル、樹高約30メートル。一方、世界一高い木々は、センペルセコイアで、樹高は100メートルを超える。日本一高い木々は、樹高60メートルに迫る秋田スギ(写真上)である。

(石井弘明)

高さ日本一の秋田スギにロープで登って調査する研究者．撮影：石井弘明．

きょ-ぼく【巨木】

大きな木。大木。

幹の体積が世界一大きくなるジャイアントセコイア．山火事で幹が燃え，空洞になっても 1000 年以上生き続ける．撮影：R. Van Pelt.

「雪は天からの手紙」と言われるが、亀裂模様もまた過去からの手紙といえよう。

ここで示す写真は、粉と水を混ぜたペーストを乾燥させた時に現れる亀裂模様である。乾燥前のソフトなペーストは、どのような揺れや流れを体験したかを記憶する。ペーストが何を記憶しているかは、ペースト自体を眺めてもわからないが、ペーストを乾燥させる

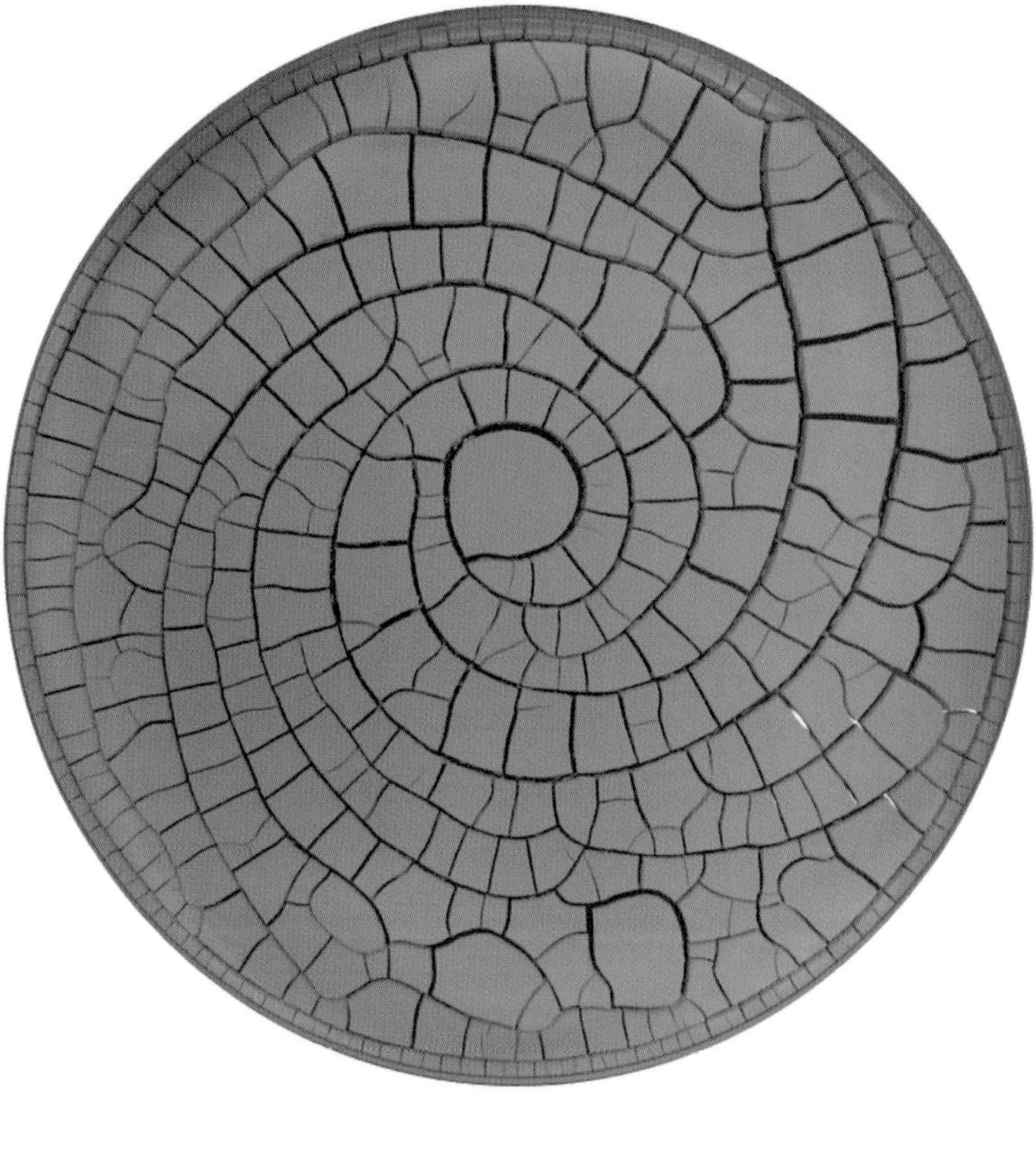

と、あぶり出しのように、過去の記憶に従って規則的な亀裂模様が発生する。

たとえば、ペーストが揺れを記憶している場合、乾燥亀裂は過去に揺れた方向に垂直に伝播し、ペーストが流れを記憶しているときは、亀裂は流れた方向に平行に伝播する。

それぞれの亀裂模様を眺めながら、ペーストがどのような過去を体験してきたのか、思いをはせてみよう。

（中原明生）

き-れつ【亀裂】

（亀の甲のような形に）ひびが入ること。また、その裂け目。ひびわれ。「壁に—が生ずる」「党内の—が深まる」

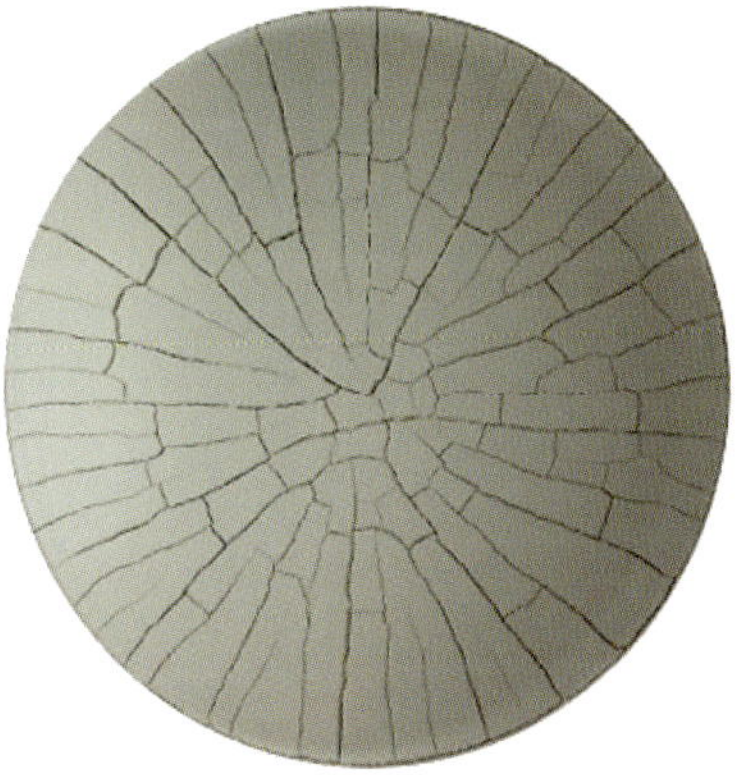

過去の動きの記憶を反映した乾燥亀裂模様．円形容器の直径は 50 cm.

右：らせん状亀裂．渦状の流れの記憶を反映.

中：放射状亀裂．ペーストが回転方向に揺れた記憶を反映.

左：縞状亀裂．ペーストが一方向に揺れた記憶を反映.

卒業研究で「クサレケカビ」という菌類に出会った。決してよい響きではない。このありがたくない和名は岩波生物学辞典の初版に初めて登場するが、これは昭和初期の大日本菌類誌に初出の「〝腐黴〟」を踏襲したものだ。学名 *Mortierella* は19世紀のベルギーの植物学者デュモルティエ(B. C. J. Dumortier)への献名なのだが、この先生の根性が腐っていたわけではあるまい。

そもそも「腐る」とは、菌類やバクテリアが他生物の遺体を分解することだ。腐らせて無機物にまで分解し、植物が利用できるようにせねば、地球上は遺体の山となる。菌類の本業を冠したこの和名をクサレケカビは本意と喜んでいるはずだ。

気を取り直し、以後、研究に腐心し、クサレケカビとはすっかり腐れ縁となった。特に動物遺体分解に関わる菌群は新発見の宝庫だった。「腐敗」と「発酵」とは生物学的には区別できない現象だ。人間にとって有害か有益かなどにはおかまいなく、せっせと遺体を腐らせるクサレケカビの姿には思いがけない美しさがある。

(出川洋介)

クサレケカビ属の一種 *M. chienii*. ヤスデ類の遺体を好んで分解する.

クサレケカビ属の一種 *Mortierella capitata*. ダンゴムシ類の遺体を好んで分解する.

くさ・る【腐る】

一〘自五〙①食物などが細菌の作用で、いたみくずれる。腐敗する。饐《す》える。皇極紀「魚《おい》の—・れること」。「牛乳が—・る」③木・石・金属などが朽ちくずれる。「土台が—・る」④人の心などが堕落して救えなくなる。用に堪えなくなる。大鏡伊尹「—・りたる讃岐の前司、ふる受領の鼓うちそこなひて立ちたうびたるぞかし」。「根性が—・る」(②および⑤以降は省略)

さ　行

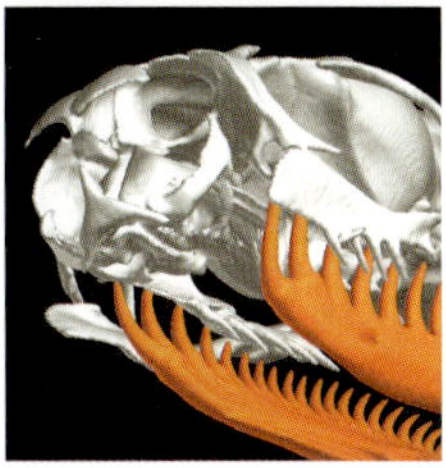

サクラソウ(*Primula sieboldii* E. Morren)は、北は北海道日高地方から南は九州阿蘇まで広い範囲で自生しているが、年々減少しており絶滅が危惧される種である。一方、わが国でサクラソウは古くから園芸植物として愛されており、最古の栽培記録としては、1478年『大乗院寺社雑事記』に「庭前草花」として記述が残る。このサクラソウは園芸種ではなく、自生種を掘りとり庭に植えたものであろう。しかし現在、近畿地方に自生地はなく、その由来は不明である。その後、茶花とされるなど室町文化に定着したが、園芸化が進んだのは江戸時代中期であり、花色、花弁の形、花の姿が多様になった。

近年、DNA解析から、江戸時代に園芸化されたサクラソウ園芸種のほとんどすべての起原が、荒川流域の野生集団であることが明らかにされた。身近なところにあった自生地が、園芸文化の源となったのだ。

(大澤　良)

さくら‐そう《サウ》【桜草】

サクラソウ科サクラソウ属(学名プリムラ)植物の総称。種類が多く、北半球全体に約二五〇種が知られる。春から夏にかけ白・紅・紫・黄・絞りなどの美しい五弁花を開く。その一種のサクラソウは、多年草で、川原や山地に自生する。江戸時代からの園芸品種も多く、花は変化に富み、春、白・紅・紫・絞りなどの花を開く。日本桜草。〈季春〉。→プリムラ。

野生のサクラソウ．撮影：大澤良

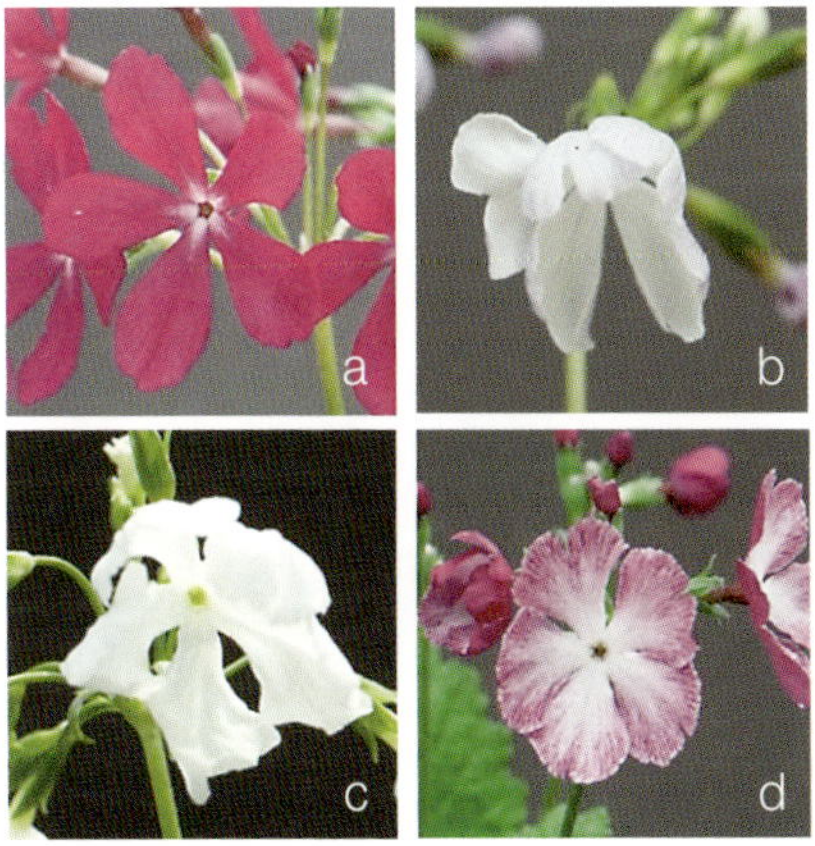

1860年の『さくらそう名寄控』に記述されている品種．玉光梅(a)，秋風楽(b)，一天四海(c)，東鑑(d)など，今日でも銘花と称される品種がたくさんある．筑波大学機能植物イノベーションセンター農場のウェブサイト http://www.nourin.tsukuba.ac.jp/~engei/primura/ より．

最近、里山という言葉がクローズアップされてきた。里山は、十数年まえまでは、何人かの生態学者や森林学者の人たちが造語で使っていた言葉だ。そのときの意味は、薪や炭をとるために人が管理する雑木林のことだった。今は、もう少し広くとらえられて、人と生物が共存する農村環境として扱われることが多い。まぎらわしいことだが、里山の山は、“mountain”ではなく、“野良”という意味が強い。まさに、人が自然と関わり合って生活し、エネルギーを得るところなのだ。

里山は、後継者が不足して危うい状況にある。土地が荒れると、私たちのまわりに暮らしてきた生物たちは生きられなくなり、豊かな自然がやせ細ってしまう。都会の人も田舎の人も、みんなが、人と自然の共存を考える時代がやってきたように感じる。

（今森光彦）

さと-やま【里山】

人里近くにあって、その土地に住んでいる人のくらしと密接に結びついている山・森林。「―林」

田植えの頃の棚田．1998 年 5 月 4 日，滋賀県大津市．

骨のある刺胞動物にはどれもサンゴと名前がつけられているので、全く異なる生物が混同される原因となっている。

宝飾品に加工されるものは宝石サンゴと呼ばれ、陽の当たらない深い海に棲息する八放サンゴの仲間だ。きわめてゆっくりと成長し、緻密で固い骨を作るからこそ、貴重な宝石になる。いっぽう、サンゴ礁を作るものは造礁サンゴと呼ばれる。体内に共生する植物プランクトンの光合成に依存しており、日光の降り注ぐ浅い海で急速に成長する六放サンゴの仲間だ。多孔質で脆い骨が堆積してできる石灰岩によって、サンゴ礁だけでなく島さえ作られる。動物なのに地形を作るとは骨がある。ソフトコーラルは、コラーゲンいっぱいの軟らかい体からそう呼ばれる。八放サンゴの仲間だが、その内部には微細な骨片が大量に含まれている。こちらもやはり、骨のある奴なのだ。

（服田昌之）

さん‐ご【珊瑚】

①サンゴ虫の群体の中軸骨格。広義にはサンゴ礁を構成するイシサンゴ類を含むが、一般にはモモイロサンゴ・アカサンゴ・シロサンゴなどの本サンゴ類の骨格をいう。装飾用などに加工。〈和名抄一二〉②〔生〕①を作る動物、すなわち八放サンゴ亜綱および六放サンゴ亜綱の花虫類。大部分の種類は群体を作り、海底に固着生活をする。

高知市内の珊瑚店のディスプレイ.

平地が初夏のころ、高山は雪渓を残し、遅い春を迎える。越冬した植物は雪融け後、直ちに活動を始める。彼らはぐっすり眠れていたのだろうか？　いやいや。雪の下で、菌類に喰われることを恐れてヒヤヒヤしていたのではないだろうか。

　というのも、雪腐病菌《ゆきぐされびょうきん》とよばれる菌類は、生きた植物に対する寄生性をもち、雪の下で越冬する植物に感染する。このため植物は、根雪前に栄養を蓄積し、菌類に対して抵抗性を高めている。しかし、積雪期間が長引くにつれて、植物は栄養素を使い尽くして衰弱し、こうした菌類に感染しやすくなってしまうのだ。

　賢い頭領に率いられた雁の群れが雪融けを追って北上するなか、最後まで融けずに残っている冷たい雪の下では、菌類と植物の人知れぬ静かなドラマが繰り広げられているのである！

（星野　保）

雪融け後にみられるガマノホタケ属菌 *Typhula* sp. の菌核（植物の球根にあたる耐久器官．直径は 1 粒 1.5 mm 程度）．

北海道斜里町の雪渓.

ざん-せつ【残雪】

①消えのこった雪。②春になっても冬の雪の消えずにあるもの。〈季春〉

新幹線の停車する品川駅。その駅前を走る第一京浜がかつての東海道である。五十三次最初の宿として知られるが、明治の始めまでは江戸湾に面した港町でもあった。室町時代、すでに紀伊半島からやってきた多くの舟が停泊し、寺院が立ち並ぶ繁華な港町が成立していた。1872(明治5)年、日本で初めての鉄道が新橋—横浜間を走ったとき、品川付近では煙を吐く汽車がきらわれ、海中に土手を築いて、その上に線路を通した。

駅ナカ商業施設が立ち並び、駅東口が再開発されて副都心に変貌した現在の品川からは想像もできない、というなかれ。品川駅は第一京浜から西口に向うと、駅前広場、京浜急行線、山手線を越え、その先に横浜方面行きのJRのホームがあるが、この距

(左)鉄道開業当時の錦絵「東京高輪蒸気車鉄道之図」(昇斎一景画, 明治5年. 交通科学博物館所蔵). 海沿いの道が東海道. 鉄道との間の水面を今は山手線が走る. 当初の品川駅は現在よりやや南にあったこともわかる. (上)高輪付近の東海道と鉄道. オーストリア人写真家ミヒャエル・モーザー撮影(THE FAR EAST 1872年10月号より).

離こそが東海道と土手の間の距離なのである。駅前広場や京浜急行のホームのあたりは水面だったのだ。われわれが歩く品川駅の構造は、品川が海に面していた時代の地形に規定されているのである。

（榎原雅治）

しながわ ハ:ガ **【品川】** 東京都二三区の一つ。旧品川区・荏原区を統合。もと東海道五十三次の第一の宿駅で、江戸の南の門戸。

私は、木や岩などについている地衣類という生き物を研究している。しばしば「地味ですね」と言われることがある。季節の訪れで咲き乱れる花々や突如現れるキノコなどと違って、地衣類はずっと基物に付着したままで、1年を通して形がほとんど変わらないため、存在にすら気がつかない人も少なくない。イメージされる色もきっと地味なものなのだろう。

しかし、近づいて地衣類があることを知ると、これまで「地味」だった風景の一部が突然「派手」になることもある。なんとさまざまな色や形があることか！　同じものを見ていても、地味か派手かは人それぞれの感じ方やその時の認識によって変わってくる。さらにルーペを使うと、そこに広がるのは別世界！　**地**衣類は、**味**わい深い、地味でもあり派手でもある存在なのかもしれない。

（大村嘉人）

じ‐みヂ【地味】

①服装や性格が控え目なこと。目立たないこと。質素なこと。浄、女腹切「―な抱へ帯」。「―に暮らす」「―な研究」⇔はで。②⇒ちみ

はで【派手】

（破手の転という）色どり・装い・行動などが華やかなこと。すべて物事がはなやかで人目をひくさま。けばけばしいこと。「―な柄」「―にふるまう」「―好き」⇔地味

街路樹のケヤキに着生するウメノキゴケ類.「派手」な写真のつもりで編集者に送ったら,「地味な方ではなく派手な方の写真を送って下さい」と言われてしまった. やはり「地味」と「派手」の感じ方は人によって違うようだ.

水泳とは考えてみれば奇妙な動作である。一番速い泳ぎ方といわれるクロールでは、足を6回バタバタさせる間に、右手と左手を1回ずつバシャバシャと振り回して水をかく。美しい流線型をした魚やイルカが、しなやかに尾びれを振って優雅に泳ぐのとはずいぶんと異なる動きである。なぜ足は6回なのか。8回じゃだめなのか。そもそもクロールが本当に一番速いのか。実はまだ誰も発見していない、もっと速い泳ぎ方があるんじゃないか。考え出すときりがない。どうせならきりなく考えてやろうと思い、わが研究室では写真のような泳ぐ人間型ロボットまで作ってしまった。このロボットが見たこともない泳ぎ方をして、水泳のオリンピック選手がその泳ぎ方を真似る日が来ることを夢想する日々である。

（中島　求）

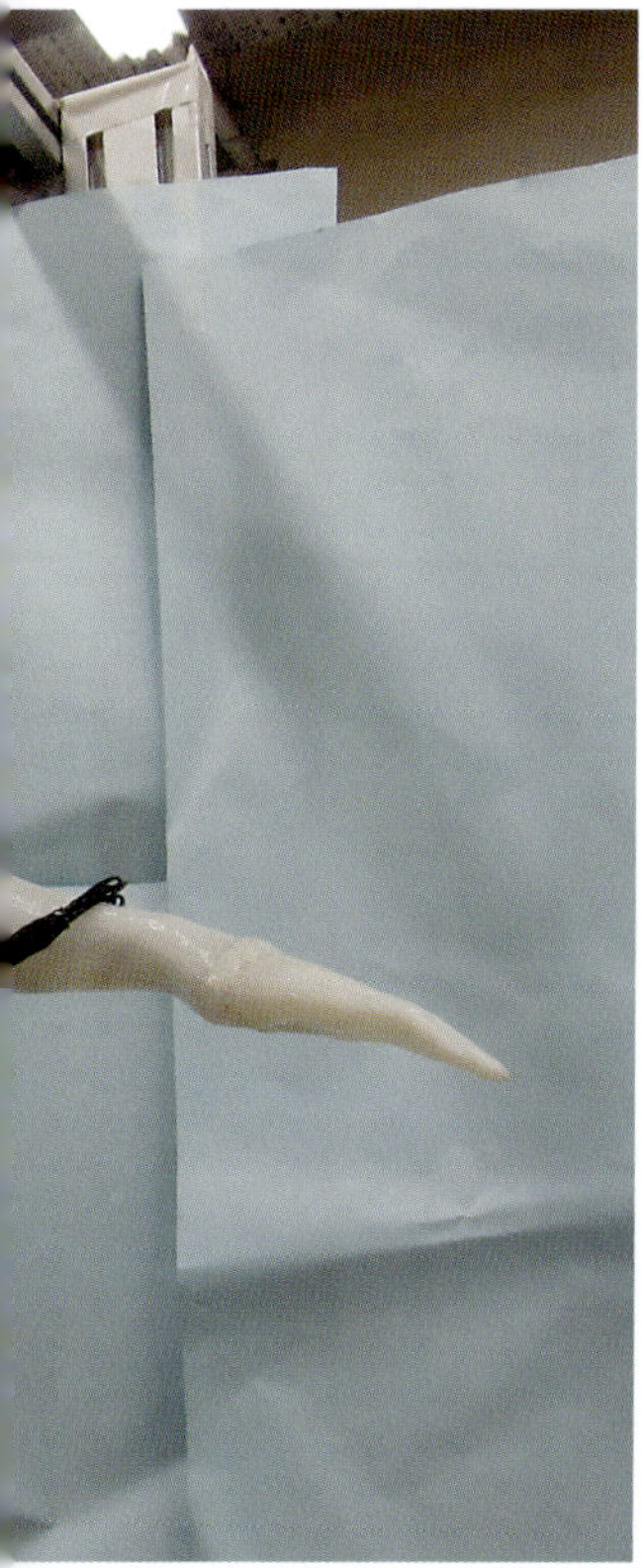

すい-えい【水泳】水の中をおよぐこと。水およぎ。

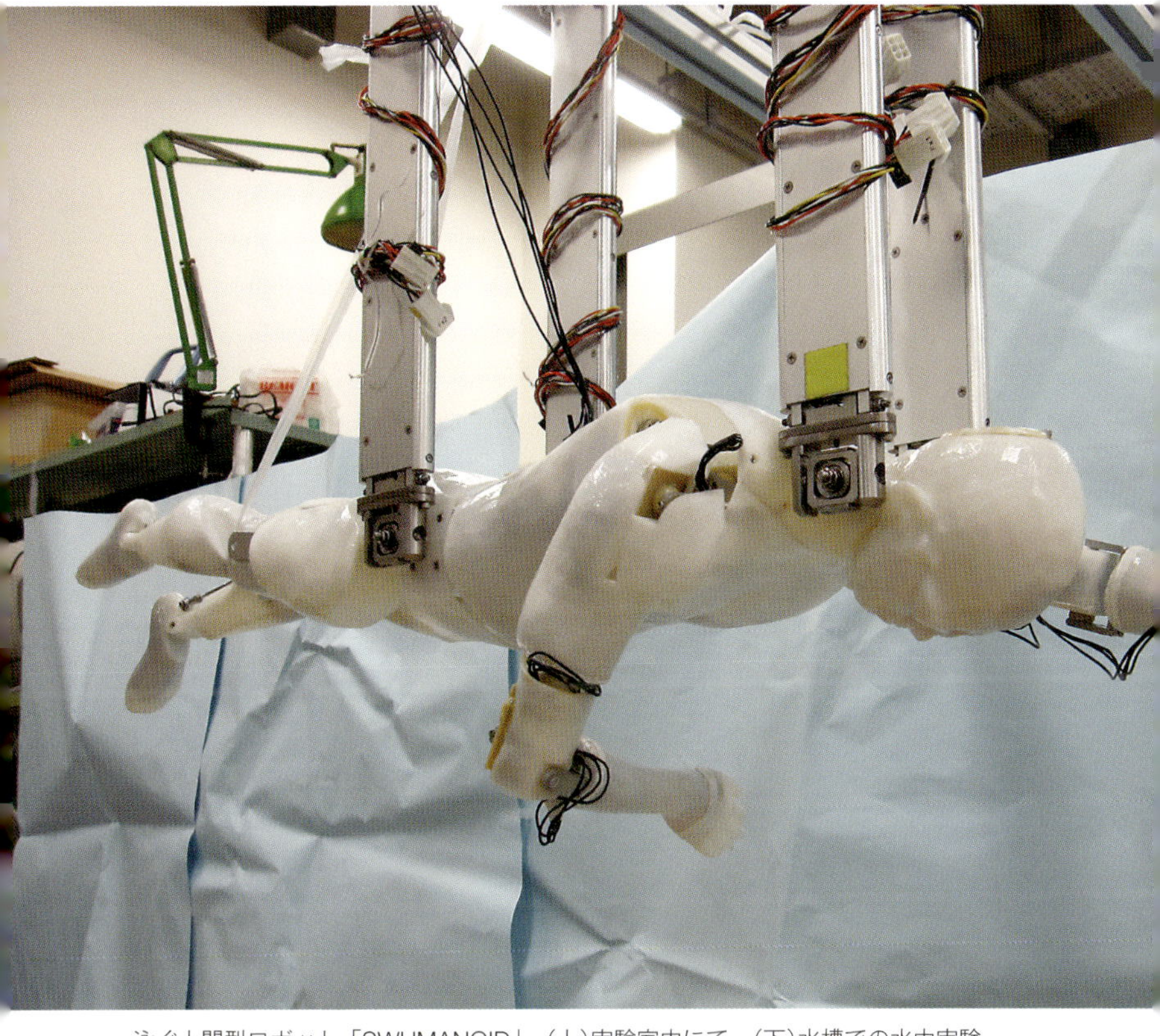

泳ぐ人間型ロボット「SWUMANOID」.（上）実験室内にて.（下）水槽での水中実験.

水晶には、右水晶と左水晶の2種類の鏡像異性体があることをご存じだろうか？六角柱状の水晶をよく観察すると、柱面と錐面の間に、小さな面がみられることがある。これが柱面の右上に出るのが右水晶、左上なら左水晶だ。

水晶は、ケイ素原子と酸素原子が螺旋状に連なった構造をしており、この螺旋の向きが、右水晶では右巻き、左水晶では左巻きだ。正確な時を刻む水晶振動子などとして、身近なところで多用されている水晶だが、この機能、実は、水晶の結晶構造に左右の区別がある（反転対称がないので、結晶がゆがむ際に結晶内での非対称な電荷移動がともなう）おかげなのである。

左右の区別がある化合物といえば、アミノ酸が有名だろう。生物は片方（L体）のアミノ酸だけを利用しており、同じアミノ酸でも、もう一

すい‐しょう《シヤウ》【水晶・水精】
大きく結晶した石英。ふつうは無色透明、六方柱状の結晶。化学成分は二酸化ケイ素。微量の他元素や不純物が混ざったものに黒・紫・草入り水晶などがある。印材・光学器械・装飾品などに用いる。水玉。〈字類抄〉

方の型（D体）は時として有害だ。水晶の左右は、自然界ではほぼ半々の割合で存在し、デバイスとしての機能性は同等なのだが、工業用につくられる人工水晶は右水晶に統一されている。どうやら、生物は左右非対称がお好きらしい。

（門馬綱一）

（左）左水晶.（右）右水晶.

腕金とは聞きなれない言葉かもしれないが、電柱の横に突き出たバーがそれである。この腕金、軽くするために中空に作られており、その端は金具で塞がれている。なぜ塞いでいるのかを電力会社に問い合わせたところ「穴があいている↓スズメが巣を作る↓それを狙ってヘビが登る↓停電がおきる」という流れを防ぐためだそうだ。面白いことに、塞ぎ方は、地域や設置された時代によって違いが見られる。

　基本的には腕金の端は塞がれているのだが、稀に塞がれていないものがあると、かなりの確率でスズメが巣を作っている。先ほどの

すずめ【雀】

①スズメ目スズメ科の鳥。小形で、頭は赤褐色、のどは黒色。背は赤褐色に黒斑があり、下面は灰白色。人の住む土地にはほとんどどこにも棲み、人家の軒・屋根などに藁などで巣を作る。群集することが多い。ユーラシア大陸に分布、北アメリカ・オーストラリアに移入され野生化している。なお、スズメ目はいわゆる小鳥の大部分を含み、鳥類約一万種の約六割、約一三〇科を占める。蜻蛉下「屋《や》のうへをながむれば、巣くふ—ども」②おしゃべりな人。また、ある所によく出入りして事情にくわしい人。「京—」「楽屋—」③紋所の名。雀の形を模したもの。雲雀《くもすずめ》・雀の丸・竹に雀・ふくら雀などがある。

うで-がね【腕金】

金属でつくった腕木。

話から停電が起きないか気がかりだが、ヘビのいない街中であれば心配の必要はなさそうだ。スズメにとっても安心できる営巣場所だろう。しかし最近は電柱の地中化の話も進んでいるから、右下の写真のような景色もいずれ過去のものになるかもしれない。

（三上 修）

腕金にみられるいろいろなタイプの塞ぎ方.

（右）腕金の奥に雛を置いて，あたりを窺う親スズメ.
（左）電柱の横に突き出た多数の腕金.

地球はかつて雪玉のようだったという、ジョセフ・カーシュビンク博士によるキャッチーなネーミングである。しかし理論的には、もともと「全球凍結」として知られていたものだ。

全球凍結した地球では地表の水はすべて凍結してしまうため、生命は生存できず絶滅してしまう。だから私たちが存在することは地球が1度も全球凍結しなかった証拠だ、と考えられていた。

ところが、全球凍結したと考えざるを得ない地質学的証拠が見つかった。まさに論より証拠である。地球は、少なくとも過去3回全球凍結したらしい。大気酸素濃度の上昇や生命進化とも深い関係がありそうで、地球史を画する重要な出来事だったと考えられる。

とはいえ、全球凍結した地球で、そもそも生命はどうやって生き延びたのか、いまだに謎のままである。現生生物は全球凍結を生き延びた生物の末裔であるから、DNAにその手がかりが残されているかも知れない。

（田近英一）

スノーボール-アース【Snowball Earth】

第7版 新加語

地球全体の海洋が凍結した状態。二二億二千万年前、七億年前、六億五千万年前に生じたらしく、多細胞生物の出現との関連で注目される。全球凍結。

全球凍結した地球(スノーボールアース)の想像図.

約 23 億年前の氷河性堆積物(カナダ・オンタリオ州). 氷河が大陸の基盤岩を削って取り込んだ岩片が運搬されて堆積したもの(左：ダイアミクタイト). またそれが, 氷山として沖合に運ばれて海底に落ちたもの(右：ドロップストーン).

清楚と聞いて何を思い浮かべるだろう？　早春に咲く可憐なカタクリの花だろうか？　それとも淡い初恋の人の面影だろうか？　でも、ここでは情緒ある日本庭園の地面に目を向けてみよう。そこにはきっと「苔」があるのではないだろうか？

小さくて花も咲かず、おまけに食料にもならないため、ほとんど目立つことのない苔。いつもは文字通り「こけ」にされがちな苔だが、日本庭園ではうってかわって、実に主役級の存在感をみせるのである。しっとりとして清楚な趣をもつ苔は、わび・さびの風情を日本庭園に付け加える重要な要素となっているためだ。いつの頃から庭園に意図的に苔が使われるようになったか定かではないが、鎌倉時代にはすでに庭園の苔の風情を楽しむ和歌が詠まれており、はるか千年の昔の平安京の人々も我々と同じように苔を愛でていた様子がうかがえる。時代は変わっ

ても、苔の清楚な姿が人々の心に訴える風情は変わらないようだ。（大石善隆）

せい‐そ【清楚】
清らかでさっぱりしたさま。飾りけのないさま。「―な身なり」

岩を滴る水滴に煌めくホウオウゴケ.

セダカヘビ（背高蛇）は、「右利きのヘビ」とも呼ばれる。私がそう呼んでいたら、だんだんそう呼ばれるようになってきた。しかし、手も足もないヘビに右利きとは、これいかに。

このヘビはカタツムリばかりを食べる。カタツムリは、陸上で暮らす巻き貝だ。巻き貝であるからには、殻が右か左に巻いていなくてはならない。そしてほとんどのカタツムリは右巻きだ。果たして、このヘビは多数派の右巻きを食べるのに特殊化し、下顎の歯の本数が左右で異なるという、他に例を見ない特徴を備えるに至った。よって「右利きのヘビ」なのである。

おもしろいことに、このヘビのいる地域では他の地域に比べ、左巻きのカタツムリが頻繁に進化してきた。食べられにくい分、有利だからである。二つ名に右とあっても、セダカヘビはその実、劣勢な左を利する存在なのである。

（細　将貴）

せだか‐へび【背高蛇】

セダカヘビ科のヘビの総称。東南アジアを中心に二〇種ほどが知られる。胴体が左右に狭く、背中が高くみえることからの名。日本では石垣島と西表島にイワサキセダカヘビが分布。全長七〇センチメートル程度。カタツムリ類を主食とし、巻貝から軟体部を引き出すのに適した左右非対称の顎を持つ。

第7版 新加語

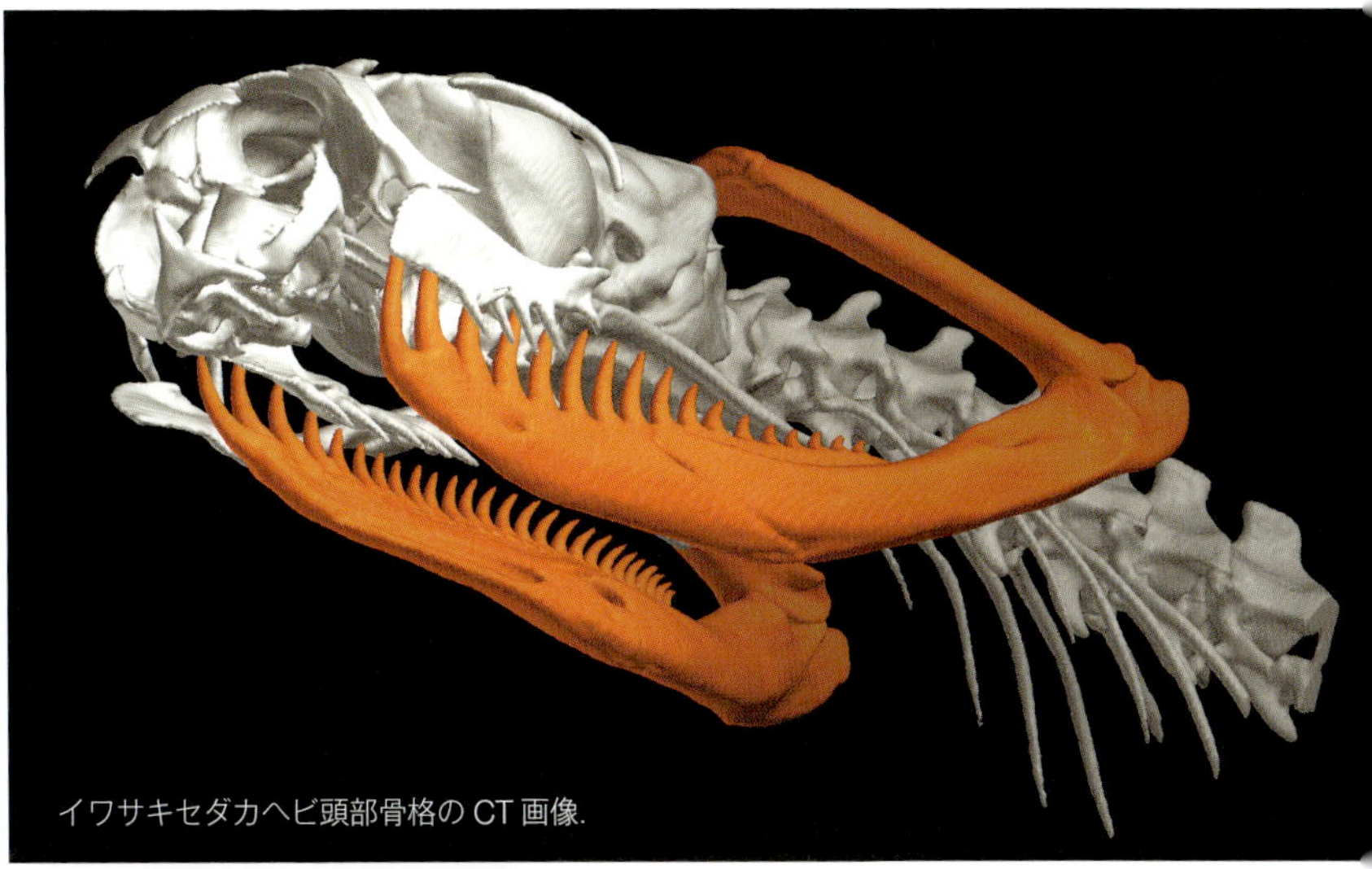

イワサキセダカヘビ頭部骨格の CT 画像.

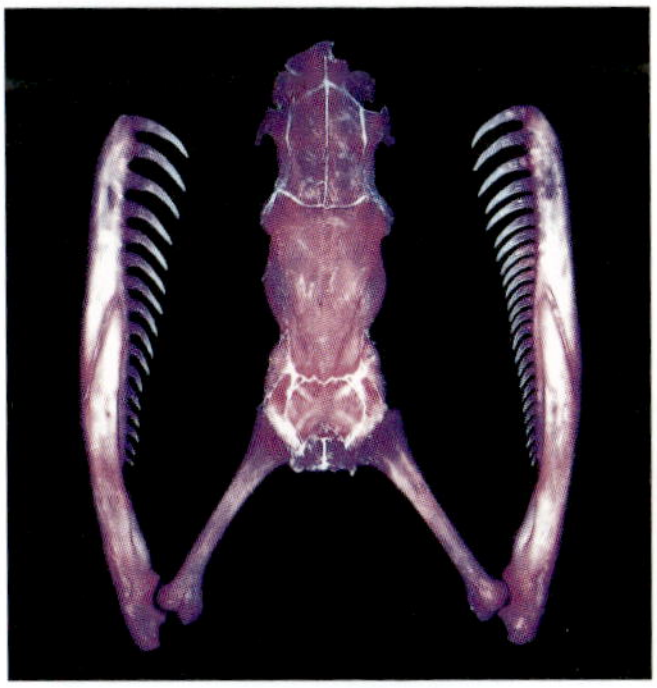

イワサキセダカヘビの骨格標本（アリザリン染色）.

右巻きと左巻きのカタツムリ（アコウマイマイとパンカラマイマイ）.

イワサキセダカヘビの捕食行動.

た・な 行

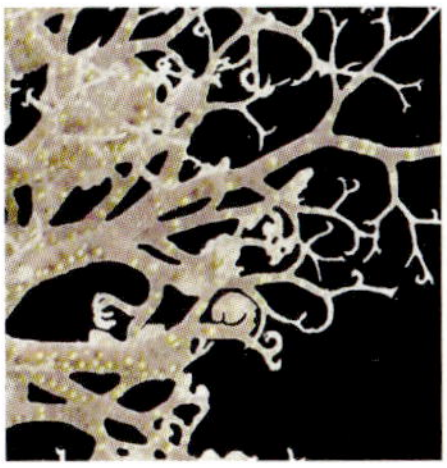

冷たい石造りの建物、などと言われるのを聞いたことがあります。なんとなく石は冷たいと思われているようです。なぜでしょうか。岩石の表面を実際に手で触った時の経験からきているのかもしれません。

しかし、岩石は本当に温度が低いかというと、そうでもありません。例えば石畳のまちなみに真夏の直射日光が照りつけていたら……敷石はとても熱くなることでしょう。近くにある噴水池の水よりも敷石の方が熱くなっていることが容易に想像できます。地球表面を覆う物質の中では、岩石はどちらかというと熱しやすく冷めやすい物質で、周囲に影響されて熱くも冷たくもなるのです。

それでも冷たいイメージが先行するのは、寒い季節の石の冷たさの方が印象が強いからでしょうか。夏の熱い石はその時だけですが、これからの冬の時期、冷たい石の壁は本当にいつまでも冷たく、体の芯から冷えてしまいそうです。私の机上の石の小物たちも、冬は出番が減ります。

（乾　睦子）

つめた・い【冷たい】

〘形〙文つめた・し（ク）①温度が低い。ひややかに感じる。つべたい。〈季冬〉。落窪一「一つもなくていと―・ければ、一つを脱ぎすべして起きていで給ふ」。「―・い飲み物」「手が―・い」（②は省略）

ブダペスト(2010 年 8 月撮影)．夏の日差しの下では暑かったが，本来は冬の寒さの方が似合いそうな石のまちなみ．

自然石の小物たち．適度に重く，滑らないのでペーパーウェイトとして活躍．

面白い響きの名前をもつこの動物は、クモヒトデの仲間である。漢字では「手蔓藻蔓」と書くこともある。まさに蔓のように先端が巻いている細長い腕がたくさんあり、このたくさんの腕を網のように大きく広げ、水中を漂っているプランクトンや有機物をからめとって食べている。

テヅルモヅル科の学名は「ゴルゴンの頭」。ゴルゴンとはギリシア神話に登場する怪物だが、頭髪はたくさんの蛇。クモヒトデ類の学名も「蛇の尾」。どちらも、たくさんの骨が関節でつながりくねくねと曲げることのできる腕を、蛇にみたてている。特にテヅルモヅルの腕は、コイルのように巻くことができ、サンゴなどにからまりつく。

いかにもたくさんの腕があるように見えるが、これは枝分かれしているだけで、根元をたどれば5本。れっきとした(?)クモヒトデなのである。深い海にすむものが多く、時に漁網にひっかかって上がってくる。

(藤田敏彦)

てづる‐もづる【手蔓縺】

テヅルモヅル亜目、特にテヅルモヅル科のクモヒトデの総称。五本の腕は数十回も分岐して多数の蔓のようになり、長さ五〇《センチメートル》に達する。一〇〇〜一〇〇〇《メートル》くらいの海底に生息。プランクトンを食べる。オキノテヅルモヅル・セノテヅルモヅルなど。

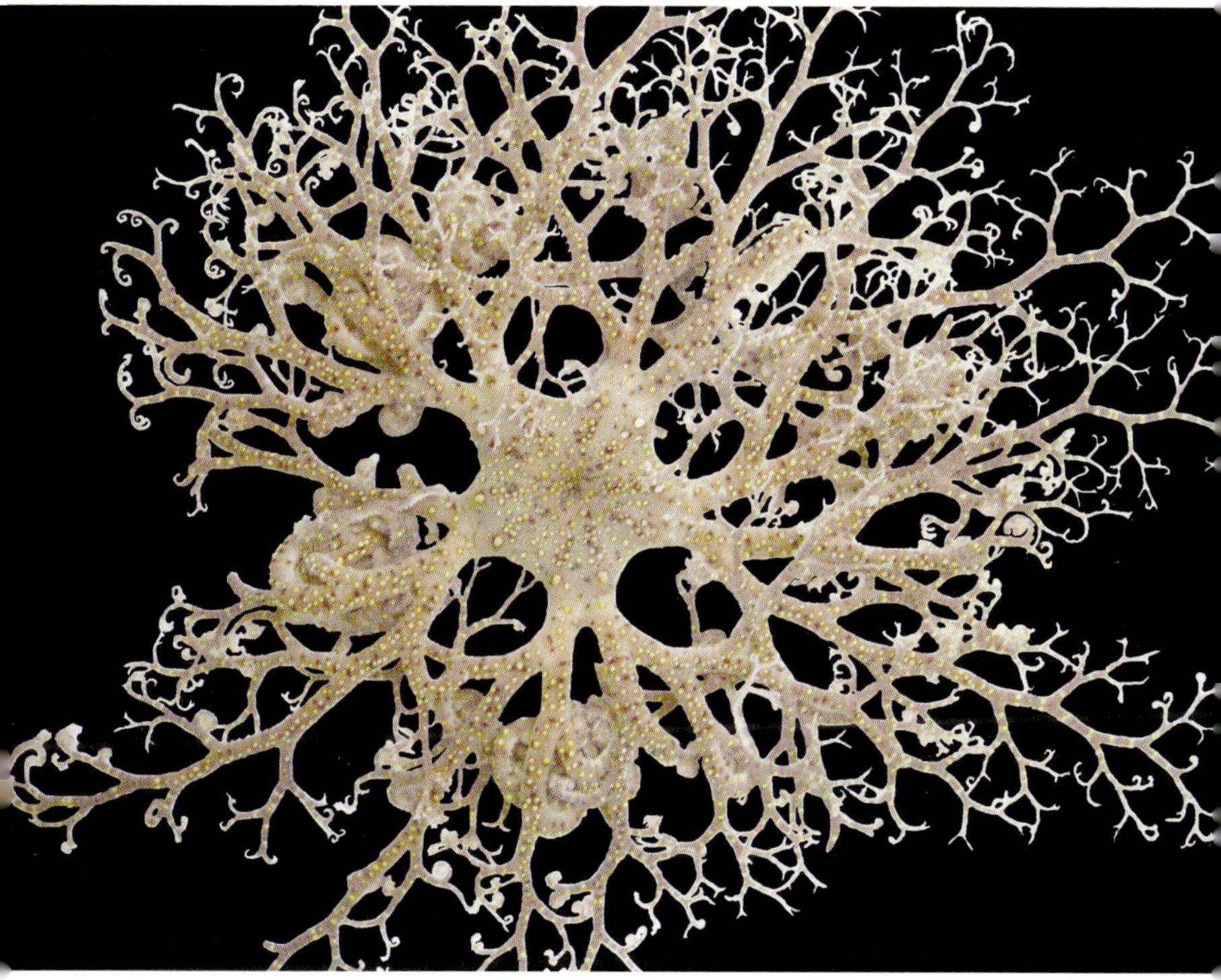

セノテヅルモヅル．腕を広げた体の大きさは１ｍ近くにもなる．
写真提供：岡西政典・加藤哲哉．

男女の入れ替わりを題材とした物語は多い。私たちはしばしば性の違いに、「男らしさ」「女らしさ」といった違いも認め、その逆転は時にはコミカルな、時にはスリリングな物語を生み出す。

ブラジルの乾燥地帯の洞窟に棲息するチャタテムシの仲間、トリカヘチャタテでは、そんな性の「とりかえ」が現実に見られる。トリカヘチャタテの雌は、雄の背後から馬乗りになって交尾し、しかもペニスに似た交尾器を「雄に」挿入する。さらにこの交

とりかえばやものがたり【とりかへばや物語】

物語。三巻または四巻。作者未詳。現存本は平安末期の作を改作したものという。ある貴族に男女の子があり、容貌は酷似していたが、性質が男は女、女は男のようであったので、父は「とりかえばや」と、男を女、女を男として育て、二人とも成長ののち仕官したが、種々の不都合が生じて本性の姿に戻って栄えたという筋。

トリカヘチャタテの一種 *Neotrogla aurora* の雌ペニス．水色で着色した器官が雄に深く挿入され，緑，赤で着色した器官で雄を拘束する．

尾器で、雌は雄を平均50時間も羽交い締めにし、雌は雄から精液をせしめる。多くの雄の精液は受精には使われず、卵を成熟させるための栄養としてのみ消費される。

生物学的に雌雄は、それらがつくる配偶子の大小により定義される。大きな配偶子、卵をつくるのが雌、小さな配偶子、精子をつくるのが雄、という具合である。トリカヘチャタテの雌は究極的に男性的でありながら、卵を産むという点で、生物学的には雌であり続けるのだ。

（吉澤和徳）

トリカヘチャタテの一種 *Neotrogla* sp の交尾．洞窟の天井で交尾するペア．
上に乗りかかっているのが雌．

中谷宇吉郎は、東京大学で寺田寅彦の薫陶を受けた実験物理学者である。北海道大学で世界初の人工雪作りに成功し、雪の結晶形と気温・湿度の関係を解明するなど、低温科学の研究を拓き、晩年はグリーンランドの氷冠の研究に力を注いだ。研究の傍ら沢山の随筆を書き、科学映画でも先駆的業績を残した。また、油絵や墨絵を好んで描いた。

研究の意味を詩的に表現した名言「雪は天から送られた手紙である」の初出と思われる掛軸が、没後50年の年（2012年）に見つかった（左写真）。中谷の学士院賞受賞が決まった1941年3月、凍上の研究で訪れていた奉天（満州）で親友高野與作のために書いたもので、『雪』の末尾に書いた表現を少し変えた内容である。

出身地の石川県加賀市に中谷宇吉郎雪の科学館があり、北大には中谷の教授室が復元展示されている。生誕100年の年（2000年）に文化人切手が発行され、『中谷宇吉郎集』全8巻が岩波書店から出版された。2012年には未発表の原稿『着氷』が雪の科学館友の会から出版され、この他にも随筆集等の出版が続いている。（神田健三）

なかや‐うきちろう《ラウ》【中谷宇吉郎】

物理学者。石川県生れ。東大卒。北大教授。雪の結晶・人工雪を研究し、氷雪学を拓いた。随筆家としても知られる。著「雪」「冬の華」など。（一九〇〇〜一九六二）

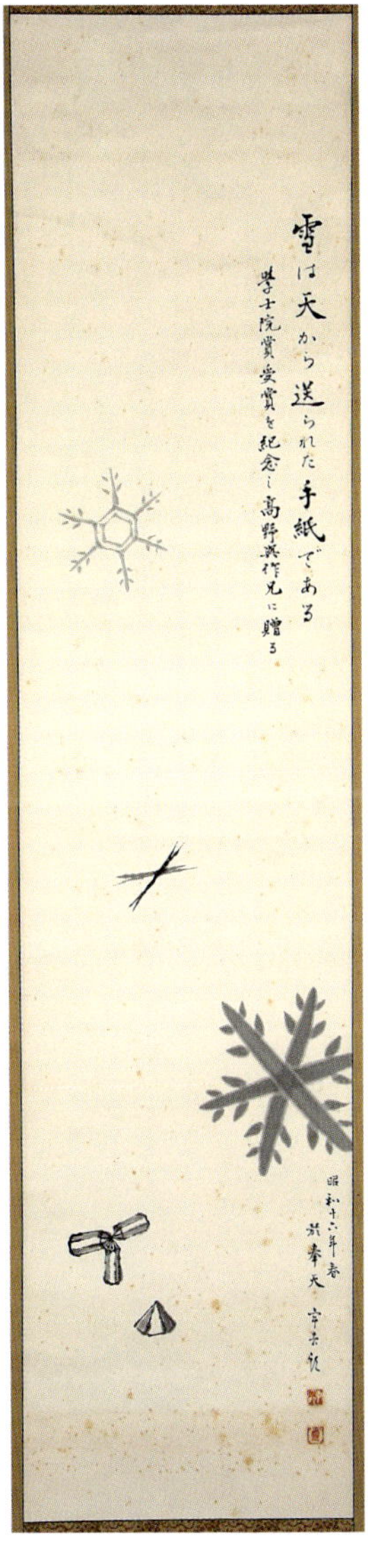

(左)「雪は天から送られた手紙である」の初出と思われる掛軸．岩波ホール総支配人だった高野悦子氏から中谷宇吉郎雪の科学館に寄贈された．

中谷宇吉郎の文化人切手．

『着氷』の表紙．

「花のにおい」という言葉から連想されるのは、心地よい香りであろう。しかし世の中にはお世辞にもいい香りとは言えない花がいくらでもある。その代表が、「世界一醜い」と言われるショクダイオオコンニャクの花(写真は正確には花序)だ。人間とは不思議なもので、「世界一大きい臭い花」に強い好奇心を覚えるらしい。過去に筑波実験植物園で2度咲いたこの花は、いずれの時も3日間で1万人を超えるヒトを呼び寄せた。本来、腐った肉の臭いで腐肉食昆虫をだまして誘引し、受粉の仲立ちをさせるといわれる本種にとって、これほどたくさんのヒトを呼び寄せてしまったのは、本意なのだろうか、不本意なのだろうか。

(奥山雄大)

におい《ニホヒ》【匂】

③かおり。香気。狭衣三「かうばしき—」。「香水の—」④(「臭」と書く)くさいかおり。臭気。「すえた—」(①、②および⑤以降は省略)

上からのぞき込んだショクダイオオコンニャクの花序．強烈なにおいは中央の付属体と，黒紫色のフリルのように見える仏炎苞の内側から出ているようだ．開花当日の 2014 年 7 月 3 日夜撮影．

西之島は、２０１３年11月の海底で始まった噴火で溶岩を流出し、２０１７年には東西２・１キロメートル・南北１・９キロメートル、面積３平方キロメートルの火山島となった。海底噴火から始まり、海面まで顔を出して島になることは珍しいことではないが、多くの場合には波の浸食によって数年足らずで消失してしまう。永続的な島になるためには、ある程度の大きさとなり、島の周囲が溶岩で覆われることが必要になる。

アイスランド南岸沖の海底噴火で１９６３〜６７年にできたスルツェイ島は、面積２・７平方キロメートルまで成長した（２０１７年には１・３平方キロメートル）。西之島はこれを超え、有史以来、成長が目撃された世界最大の火山島となった。

西之島は、東京の１０００キロメートル南に位置する孤島だ。２０１３〜１７年の噴火では、人工衛星と月１回の航空機からの噴火観測が主だった。１９７３〜７４年の噴火では、多くの火山学者やマスコミが島の間近まで接近し、上陸したのとは大きな違いがある。安全

2014年6月3日，すべて船から筆者撮影．

管理上の問題があったとはいえ、世界最大の火山島が出現したというのに、間近で噴火を見た人がほとんどいなかったのは、残念な話である。

（白尾元理）

にし-の-しま【西之島】

小笠原諸島の無人島の一つ。一九七三年からの同島東方における海底噴火で西之島新島が誕生。二〇一三年に始まった海底火山噴火による溶岩流で両島間に陸地を形成。

第7版 新加語

食べずにおいた小松菜に「菜の花」が咲いた。菜の花といえば、ふつうアブラナやカラシナだが、アブラナと近縁な小松菜にも菜の花が咲くようだ。

菜の花と同じような時期に、タンポポも花をつける。よく目にするのは、在来タンポポやセイヨウタンポポだろうか。両者は花を包む緑色の部分、総苞片《そうほうへん》の形で見分けられる。在来のカントウタンポポなら総苞片が反り返らない。反り返っていればセイヨウタンポポ。外見の違いは些細だが、暮らしぶりはまるで異なる。カントウタンポポは他個体の花粉を受けとり種子を作る。子孫を残すには、花粉

を運ぶ昆虫とタンポポの群れが必要だ。一方、セイヨウタンポポは、受粉せずにクローンの種子を作る。だから、たった1個体で子孫を残せる。

　いつの間にか、カントウタンポポとセイヨウタンポポの雑種が日本各地に広がっていた。カントウタンポポがセイヨウタンポポの花粉を受けとると雑種ができる。その多くはセイヨウタンポポの総苞片に似るが、まれにカントウタンポポそっくりとなる。どの雑種もクローンの種子で増えていく。カントウタンポポと似て非なる雑種が広がれば、ますます紛らわしくなる。

（保谷彰彦）

雑種タンポポ．総苞片がカントウタンポポにそっくりなタイプ．東京都内で撮影．

にーてーひーなり【似て非なり】

［孟子尽心下「孔子曰く、似て非なる者を悪《にく》む」］外見は似ているが実体は異なる。

（右）カントウタンポポ．総苞片が反り返らない．東京都内で撮影．

2004年頃から日本で原子番号113の原子核の人工的合成のニュースが流れ始めた。

　だが合成は困難を極めた。**合成**は、たとえば原子番号30の亜鉛のイオンを原子番号83のビスマスに撃ちつけて合体させる。しかし原子核は小さい。**原子**の大きさは、なんと原子核の10万倍！　相手のビスマスは固体だから原子はびっしり詰まっているが、原子核は原子の大きさ分離れている。原子核をリンゴになぞらえると、その間隔は10 cm×10^5=10 km くらいになる。狙いをつけて撃つなど不可能だ。やみくもに撃って、どれかが当たることを祈るしかない。実

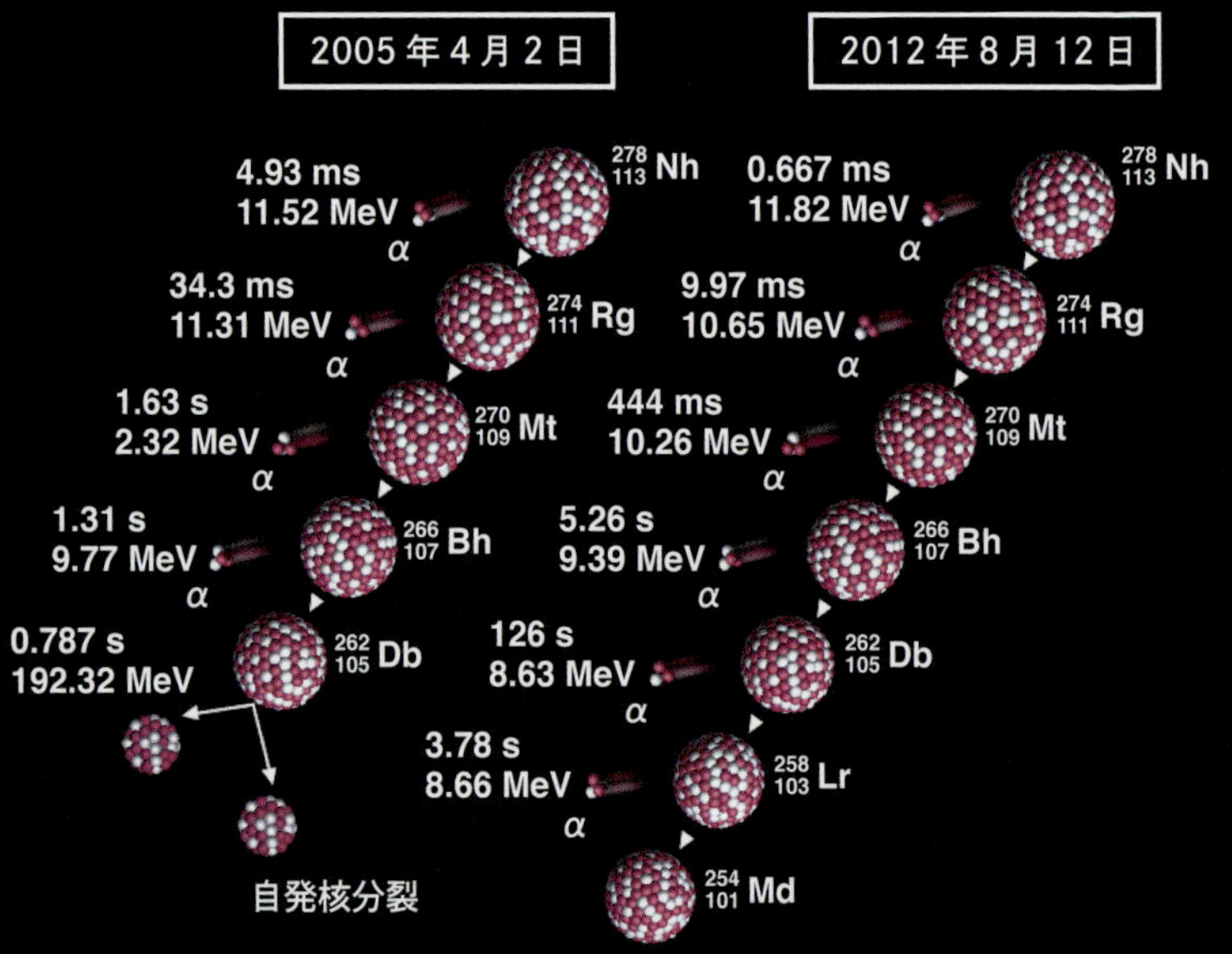

原子核(赤丸は陽子，白丸は中性子)の右横は元素記号(左上の数字は質量数，左下は原子番号)．Nh がニホニウム．左横の α はアルファ粒子．Db (ドブニウム)は自発核分裂もしている．それらの左はアルファ崩壊または自発核分裂の平均寿命と放出エネルギー．MeV はエネルギーの単位で，1 MeV は 1.6×10^{-13} J に等しい．提供：理化学研究所(一部改変)

際、合体がおこったのは2004年7月、2005年4月、2012年8月だった(図参照)。

　では、合体の実現は、どのようにして**確かめ**たのか？　幸か不幸か、合体でできた原子核はミリ秒から秒という短い寿命でアルファ粒子(ヘリウムの原子核、原子番号2)の放出を繰り返し、自身の変容を刻々に知らせながら次々と崩壊してゆく(図参照)。

　各段階の崩壊の様子を既知の核のデータと比較すれば、それぞれの原子核の原子番号がわかる。こうして崩壊の系列を遡り、原子番号113の原子核に始まることが確認された。

(江沢　洋)

ニホニウム【nihonium】　第7版 新加語

(日本に因む)超アクチノイド元素の一つ。元素記号Nh　原子番号一一三の放射性元素。二〇〇四年、アメリシウムにカルシウム-イオンを、またビスマスに亜鉛イオンを照射して合成。

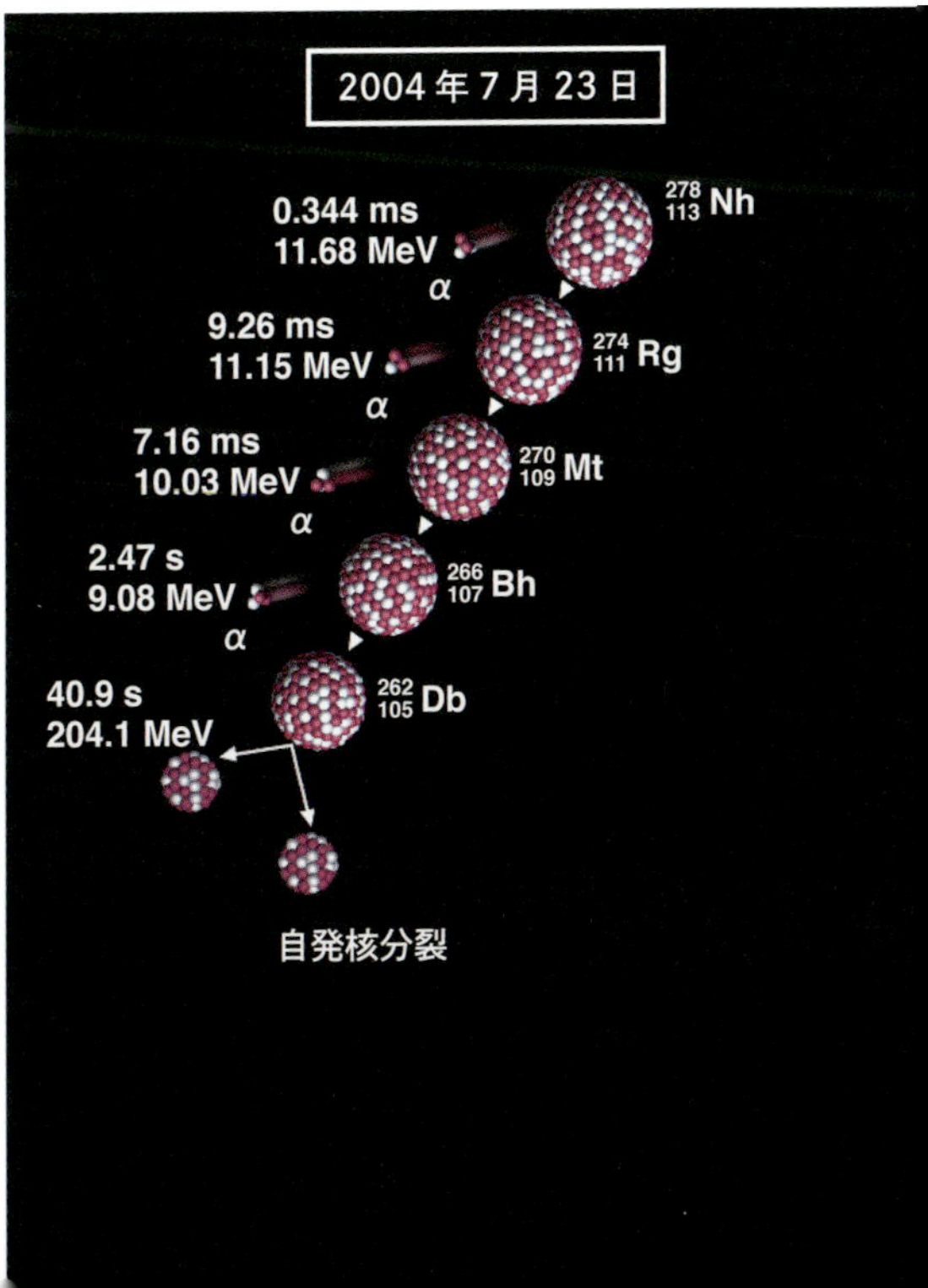

ニホンザルは、北は下北半島から南は屋久島まで、日本列島の森林に生息する日本固有種である。下北半島のニホンザルは、世界で最も北に分布するサルとしても知られている。

冬季には雪上についた、人間の手を小さくしたような足跡を観察できる。人間と違うのは後肢、すなわち足の方で、親指が他の4本指と離れていて、手のようである。手のような足のおかげで、足でも木の枝をつかむことができ、樹上生活に適応している。

ニホンザルは、手足のひらをしっかり地面につけて歩く。足拓を採ると、手足のひらには掌紋がはっきりついている。木に登ったり、ぶら下がったりするとき、指紋や掌紋は滑り止めになるに違いない。指先で器用に物をつまむことができ、植物の葉、芽、実、昆虫な

にほん-ざる【日本猿】

サル目(霊長類)オナガザル科の哺乳類。日本固有種。体長六〇《センチメートル》ほど。毛色は黒褐色ないし赤褐色で、腹はやや白い。顔と尻が赤く、頬嚢《ほおぶくろ》をもつ。サル類では最も北に分布し、青森県下北半島が最北。山林に生息し、数十頭の群れで生活。雑食性で、果実・木の芽・昆虫などを食べる。地域により天然記念物に指定されている。

どをつまんで食べ、冬は木の樹皮などで飢えをしのぐ。

（小宮輝之）

おとなのオスの左足拓（原寸大）．指先だけでなく手のひらにも紋様があるのがわかる．

じゃれあう子ザル．親指が他の４本の指と離れているのがわかる．

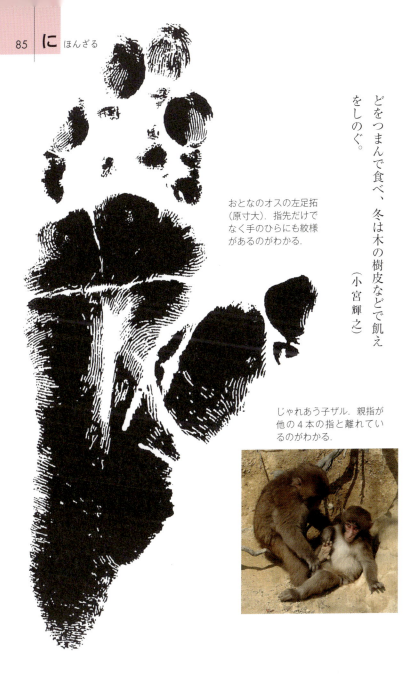

福井県の若狭湾岸に位置する水月湖《すいげつこ》は、「二重底の湖」と呼ばれる。水深8メートルまではでは酸素が到達する。だがその下には、魚などが暮らせない「無酸素水塊」が滞留している。辛うじて生息できるのは、酸素を必要としない特殊なバクテリアだけだ。

この特殊な環境が、「年縞《ねんこう》」と呼ばれる地層を発達させた。日本には四季があるため、二重底の下にも季節によって異なる粒子が降ってくる。1年分が1ミリメートルにも満たない薄い地層は、生命のいない湖底で静かに保存される。水月湖には、このような地層がじつに7万年分も堆積している。

7万枚の年縞を数え上げるのに、3人がかりで4年半の時間を要した。2012年には、水月湖の年縞が地質年代の「世界標準目盛り」の一部に採用された。決して派手なニュースではないが、最近は地質学の巡礼地に足を運んでくださる人も増えていると聞いた。なお2019年の秋には、水月湖の近くに「年縞博物館」がオープンする予定である。（中川 毅）

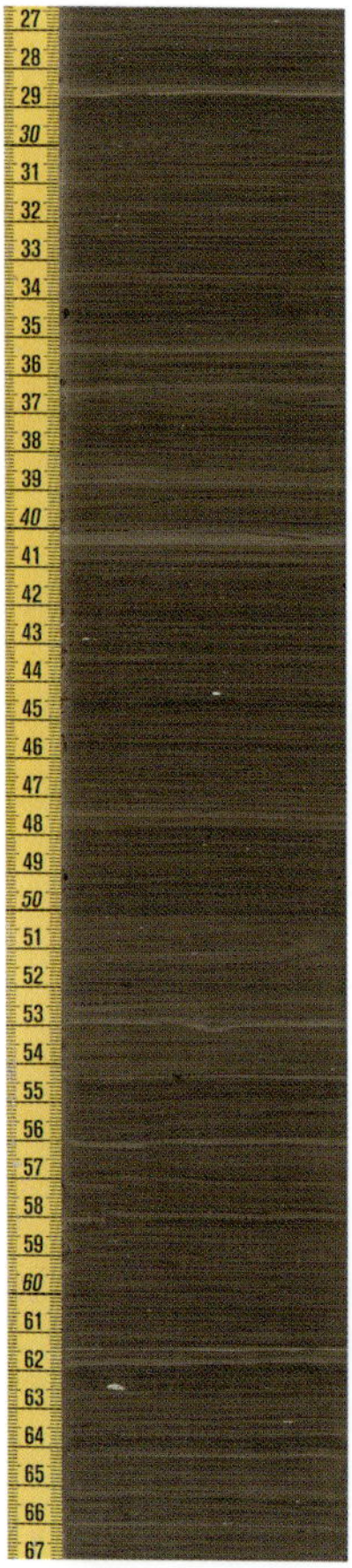

水月湖の年縞．写真は4万年前ごろのもの．

5月の水月湖.

ねん-こう《ウ:カ》**【年縞】**

(varve) 湖沼堆積物にみられる葉理。湖底に生物がいないため堆積物が攪乱を免れ、一年ごとの細かな縞模様として保存されたもの。福井県三方五湖の一つ水月湖のものは炭素一四法の較正表に活用。

第7版 新加語

は・ま・や・ら・わ 行

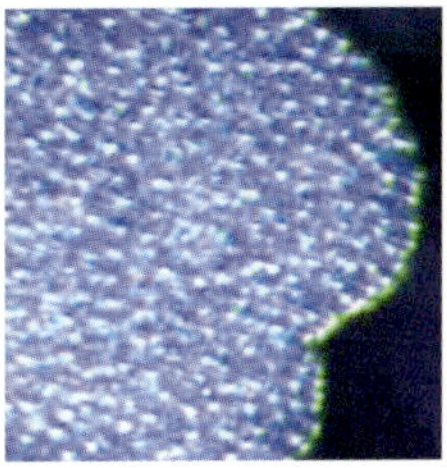
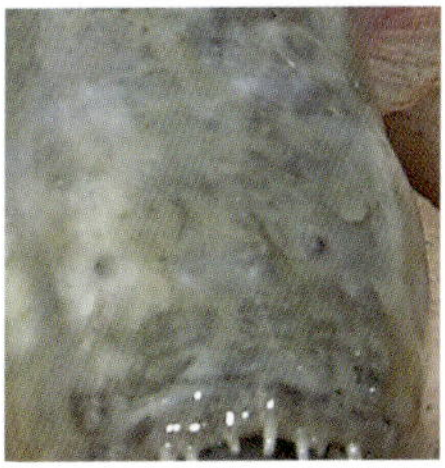

「平板」は、どちらかといえばマイナスなニュアンスを含む単語である。私も高校時代に小論文のテストで、「文章が平板だ」というコメントとともに悪い評価を受けたことを今でも覚えている。

しかし、まさに平板という名前のついた平板動物には、単調でつまらないことはまったくない。脳も神経細胞も心臓も消化管も筋肉もないものの、動き回ることが可能である。体の構造に前後、左右の区別はない。発見されてから130年以上経つにもかかわらず、卵から成長して成体になる過程はまだ誰も観察できていない。しかし、分裂や出芽で増殖することは知られている。私がこの動物の研究を行うべく日本国内での分布調査を行ったところ、実はかなり広範囲に生息していることが判明した。日本の集団を研究することで、平板動物の謎の解明が進むことが期待される。

さて、最後に、ここまで私の平板な文章につきあってくださった読者の皆様に、平板動物に興味をもっていただけたことを願うのみである。

（中野裕昭）

へい‐ばん【平板】
①平らな板。②変化に乏しく、単調なこと。「―な文章」

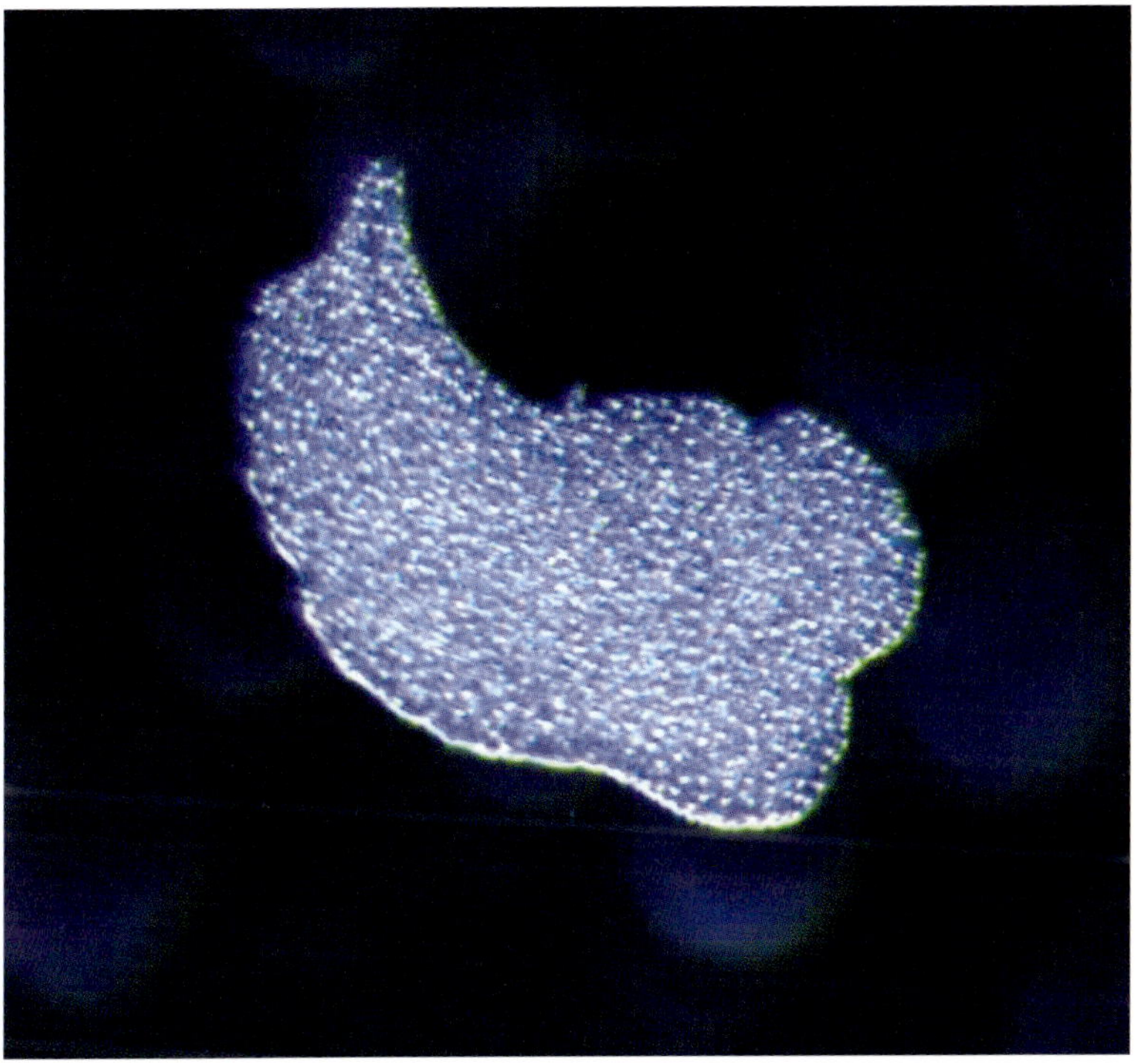

平板動物．大きさは約 1 mm，細胞約 3 層分の
厚さしかない，非常に平たい海産動物である．

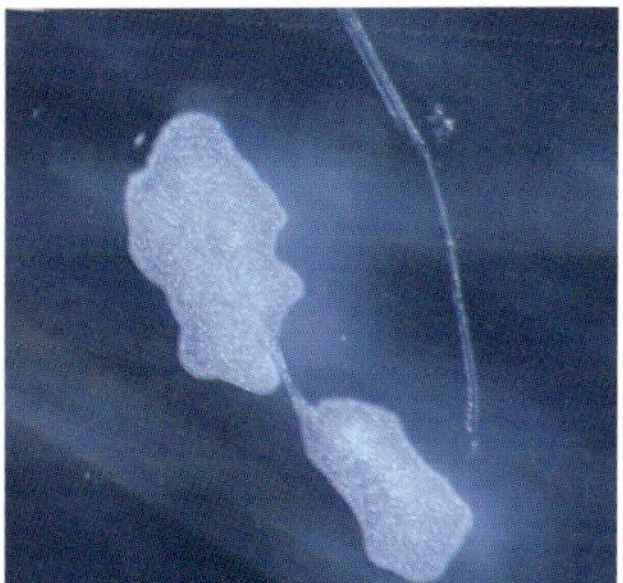

分裂中の平板動物．

冬季、流氷とともに北海道オホーツク海沿岸海域に現れるクリオネ（*Clione elegantissima*、和名はハダカカメガイ）は、貝殻をもたない巻貝の仲間だ。〝翼足〟と呼ばれる羽のように変化した腹足を使って、羽ばたくように浮遊する。その愛くるしい容姿、パタパタと可憐に泳ぐ様から、氷の海の妖精、または天使との愛称で呼ばれ人気が高い。

成体のクリオネは極度の偏食家である。同じ分類群に属し、貝殻をもつリマキナ（*Limacina helicina*、和名はミジンウキマイマイ）を唯一の餌としている。見た目によらず肉食性で、その捕食行動は獰猛である。彼らがリマキナを察知すると、その頭部は割れるように開き、体内に収まっていた6本の触手（バッカルコーンと呼ばれる）が一瞬のうちに伸びてリマキナを捕らえる。一度喰らいつくと決して離さない。普段の愛嬌のある姿から瞬時に変貌を遂げた捕食中のクリオネは、まさに獲物を襲う肉食獣のようである。

（高橋邦夫）

クリオネ（上）とリマキナ（下）．同じ翼足類に属するが，食う―食われるの関係にある．アラスカ大学フェアバンクス校のRussell Hopcroft 教授提供．

クリオネが頭部からバッカルコーンを伸ばしてリマキナを襲う．北海道立オホーツク流氷科学センターの桑原尚司学芸員提供．

へん-ぼう ‥バウ【変貌】

姿・様子の変わること。姿を変えること。「―を遂げる」

徹夜をして明け方まで辛抱強くオーロラを観察し続けていると、仄かなオーロラが空に浮かんでいることに気づく。観光で一番人気のカーテン型のオーロラとは区別して、専門用語ではディフューズオーロラと呼ばれている。その地味な見た目とは裏腹に、実は派手なカーテン型と比べると桁違いに高い数万ボルトというエネルギーを持った電子が、地球大気の深いところまで侵入して光っている現象で、その大気への影響は、研究者の間でもホットな話題だ。

さらに、じっと見つめて観察していると、この仄かに空全体に広がるオーロラには、あちこちがゆっくり脈を打ち始めて止まらなくなるというキュートな性質があることにも気づく。どういう仕組みで脈を打っているのかは、まだわかっていない。

（片岡龍峰）

ほの‐か【仄か・側か】

①感じられる光・色・香り・音声などがわずかであるさま。万二「うつせみと思ひし妹が玉かぎる―にだにも見えなく思へば」。「―な光」「―な化粧の匂い」②ぼんやりと認識するさま。方丈記「―につたへきくに、いにしへのかしこき御代には」。「―に記憶している」（③は省略）

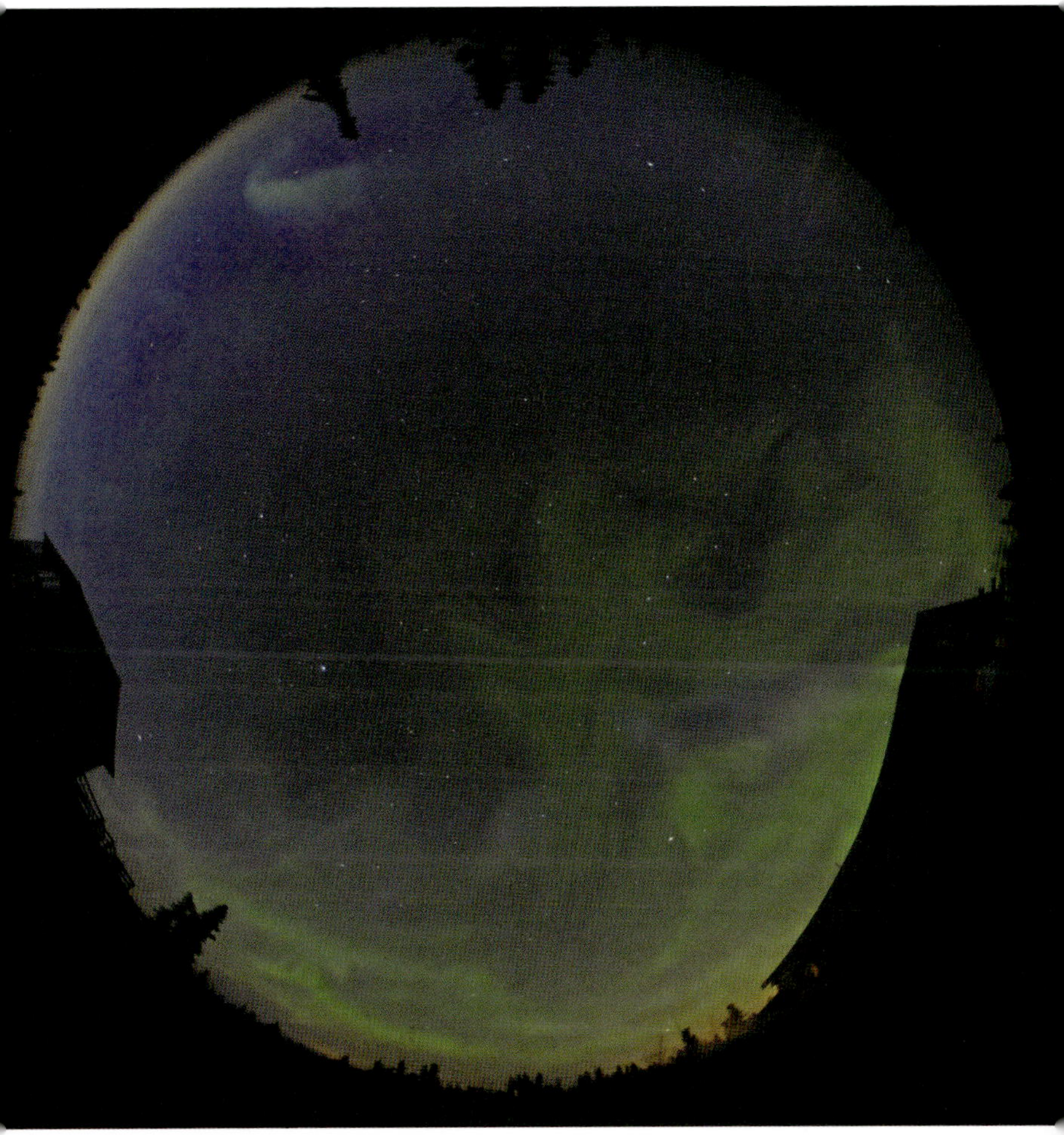

2014年3月の明け方，アラスカのフェアバンクスで撮影されたディフューズオーロラ．空を仄かな緑に染める．

驚いて目を見開いた顔のことを、ハトが豆鉄砲を食ったような顔という。しかし、ハトは鳥の中で特に目が丸いわけではなく、豆に撃たれても表情は変わらない。それなのに、どうして彼らは、私たちの驚きを表現するための犠牲となってしまったのだろう。

ドバトやキジバトは、身近で警戒心も弱く、子どもが狙うに格好の獲物だし、ピョコピョコと首を振る姿は挙動不審と見られやすい。そして彼らは、不審なものを見るといっそう首を振る。だがこれは、驚いて慌てるのではなく、いろいろな角度か

ら対象物を見て正体を見極めているのだ。となれば、豆鉄砲を手に近づく不審者に対し、いつもより首を振ったとて無理からぬ話ではないか。しかも、ニワトリやサギや他の多くの鳥だって同じように首を振るのに、ことさらハトを「挙動不審」とは、不公平な話もあったものだ。

　とはいえ、ハトの首振りは、なぜか私たちの心を捉えてやまない。首の長さや振る頻度がちょうどよいのだろうか。出る杭は打たれ、首振るハトは豆に撃たれる。おかげで私たちは、ハトが豆鉄砲を食ったように驚くことができる。（藤田祐樹）

まめ-でっぽう《パウ》【豆鉄砲】
幼児の玩具。豆を弾丸として打つ小さい竹製の鉄砲。「鳩が―を食ったよう」

ドバトの群れと，豆鉄砲片手に忍び寄る子ども．写真はイメージで，弾丸(豆)は入れていない．

誰かと群れたいのは寂しがり屋な人間だけではない。サハラ砂漠に生息するサバクトビバッタは天地を埋め尽くすほど大発生し、数十億匹で群れることがある。その幼虫はふだん緑色や茶色で、草むらに潜んでおり、お互いを避け合うシャイな性格をしている。ところが、諸事情が重なって混み合うとそれが一変し、積極的にお互いに惹かれ合って群れるようになる。しかも皆がお揃いで目立つ色になり、エサを求めて同じ方向へと行進を始めるのである。バッタが混み合いに応じて変身するこの現象は「相変異」と呼ばれる。

私は彼らの野外生態を明らかにするために西アフリカに渡り、サハラ砂漠でフィールドワークを行っているが、ときに孤独で寂しくなることもある。そんなとき、たまに共喰いするものの仲の良さそうなサバクトビバッタたちを見ていると、私も人間と群れたい衝動に駆られるのだが、ムレているのは靴の中だけで、さらに切なさが込み上げてくる。

（前野ウルド浩太郎）

高密度下で発育したサバクトビバッタの終齢幼虫．群れる習性がある．

草むらに潜む，低密度下で発育した終齢幼虫．単独性で，自分が住んでいる背景に体色を似せて天敵の目を欺く．

む・れる【群れる】

〘自下一〙 文む・る(下二) 同類の生き物や人々が集まる。むらがる。万一九「い―・れて居《お》れば嬉しくもあるか」。「―・れて飛ぶ鳥」

もこもこしたものに惹かれるのはなぜだろう。まるくふくらんだものが醸し出す、優しい感じがあるからだろうか。

植物カルス（もこもこ増える細胞塊）の研究者にとって、微生物の一種アグロバクテリウムが植物に感染して作らせる「クラウンゴール」というカルスほど魅力的なものはない。この微生物は、カルス形成に必要な植物ホルモンの遺伝子や、大好物の「オパイン」というアミノ酸をつくる遺伝子を、無理矢理植物のゲノムに組み込み、生じるカルスにオパインを作らせて食べる。つまり、設計図を植物に送り込んで、お菓子の家を作らせるのだ。この能力は、実は遺伝子組み換え技術として利用されている。

そこで妄想が生じる。この機構を初めて明らかにした時の興奮はどれほどだったろうか。ノーベル農学賞ができれば即時受賞かもしれない。いや、食糧問題や環境問題に形質転換植物が寄与すれば、平和賞もあり得るだろう。そして、自分がアグロバクテリウムになって、もこもこ柔らかい植物細胞の中、お菓子を食べながらゴロゴロ暮らすのは楽しいだろうなあ。

待てよ、それはいけない。順調にもこもこしてきたお腹をギュッとつまんで、自分を戒めた。

（岩瀬　哲）

シロイヌナズナの傷ついた葉から出てきたカルス．丸い膨らみ一つ一つが細胞．

もこ-もこ

①柔らかな弾力があってふくらんでいるさま。「―した襟」②次々と下から湧き上がるさま。比喩的にも使う。むくむく。「―と砂を巻き上げる湧き水」

生物学、ことに遺伝学や生態学でよく用いる言葉である。

遺伝学で最もよく使うのは「野生型」という複合語としてだ。これを「野性型」と書くと妙なことになる。というのも、広辞苑で「野性」を引いてみると「自然または本能のままの性質。粗野な性質」とある。古い例だが、森村誠一の『野性の証明』だ。個人的には、こちらの「野性」は「やしょう」と読んだ方がよいと思う。その方が意味

野性っぽい野生のガジュマル．屋久島で．

と語感がぴったり合うし、「やせい」と混同しないだろう。たまに学会などで、若い学生が「野性型のシロイヌナズナ」などと記しているのを見ると、「なんだか凶暴そうな植物だな」と思う。

ちなみに、広辞苑の第四版までは「やせいけい」の読みで「野生型」が載っていたが、最近は「やせいがた」の方が普通となってきた。第五版以降の広辞苑や岩波の生物学辞典第5版では、「やせいがた」として収録してある。

（塚谷裕一）

やせい【野生】

①動植物が自然に山野に生育すること。また、その動植物。「—の馬」②自分の謙称。多く手紙文で使う。迂生《うせい》。拙者。野拙。

野生のシロイヌナズナ．兵庫県・三田で．

コケ植物は維管束《いかんそく》をもたず、クチクラが発達していないため、積極的に水を輸送したり保持したりする機能に乏しい。彼らはある意味、地上環境に適応しきってはいないのである。当然、乾燥しやすい空中へと大きく立ち上がることはできず、植物体は微小で、湿った木陰に群れをなしたり、乾いた岩場にしがみついたりしているという印象しかない。

では水が十分にある環境では、コケはどうしているのだろう。その最も典型的な姿を、なんと南極の湖沼で見ることができる。水深3メートルほどの湖底には、乾燥を恐れる必要のないコケたちが、高さ80センチメートルにもなる塔状の群落、通称コケ坊主を作って、まさに「林立」しているのだ。実は、コケは維管束もクチクラも未発達な代わりに、体表面全体から直接水を吸収する能力がある。もともと気孔ももっておらず、水中生活には何ら支障がない。低温のため競争相手もいない南極湖沼底は、水の呪縛から逃れたコケたちのパラダイスなのである。

（伊村 智）

りん-りつ【林立】

林のように多くの物が並び立つこと。「高層ビルが―する」

南極露岩域の，水深３ｍほどの湖底に林立する「コケ坊主」．密生したコケ群落に，藍藻や珪藻，バクテリアなどが付着して形成されている．

ワラスボは、ムツゴロウとともに内湾奥部の軟泥干潟に適応したハゼ科の種だが、そのウナギのような姿はまるでハゼらしくない。干潮時にムツゴロウが泥の表面に出て微小藻類を食べている間、ワラスボは泥下の巣穴の中にひそんでいる。潮が満ち、ムツゴロウが巣穴に帰る時、ワラスボは、水中に泳ぎ出てゴカイなどの小動物を食べる。満潮時には細かい泥の粒子が巻き上がって海水が強く濁る。そのためワラスボの目は著しく退化している。有明海では、干潮時の干潟を鉄鉤でひっかく伝統漁法「すぼかき」などでワラスボを捕え食用(煮付けや干物)にしている。

中国大陸の黄海沿岸に広い分布域をもつ一方、そこから飛び離れた日本(九州の有明海だけ)にも分布している。有明海には、ほぼ同様の地理分布をもつ種が他にも10種以上知られている(ムツゴロウなど6種の魚類を含む)。それらは今どれもが絶滅の危機にひんしている。環境省レッドリスト2017では、ワラスボは絶滅危惧Ⅱ類に指定された。有明海の最大の軟泥干潟は諫早湾の閉め切りによって失われ、そこに生息していたワラスボなどの絶滅危惧種の大集団が全滅した。日本で有明海にしか生き残っていない生物を保全するため、諫早湾の環境復元が切に望まれる。

(佐藤正典)

わら-すぼ【藁素坊】
ハゼ科の海産の硬骨魚。ウナギ形で、全長四〇《センチメートル》に達する。有明海に産し、干潮時には泥地に潜る。干物などにして食用。

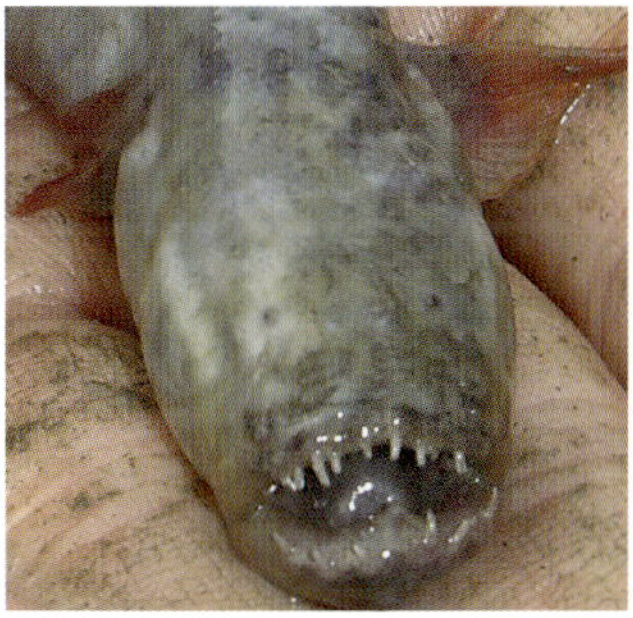

(上)韓国の順天湾で採集されたワラスボ(2009 年 6 月，佐藤正典撮影).(左下)同・頭部の拡大(塔筋弘章撮影).退化した目は小さな黒点として残っている.上下に並ぶ歯は口の外に出ている.(右下)干潟にひそむワラスボを捕える「すぼかき」(2008 年 5 月，有明海奥部の佐賀県鹿島市にて，岩松慎一郎撮影).同様の方法でウナギを捕る「うなぎかき」では鉄鉤の先に大きな棘を 2 つ備えた漁具を用いるが，「すぼかき」で使う漁具の先端には湾曲した小さな棘が 1 つしかない.

都心の歩行者天国で、通りがかる人々を呼び止めて「ワレカラって知っていますか？」と尋ねても、イエスと答えてくれる人は稀だろう。でも千年以上も前の古典文学には、ちらほらと名前が現れる。藻塩焼きという古代の塩作りの過程で、海藻にしがみついて日に曝されたワレカラたちは、死んで乾いて赤みを帯びて、浜にいる人々の眼についたはず。「ああ、あの虫のことね」と思い浮かべられるくらいの知名度はあったのだろう。

英名のSkeleton Shrimpに比べると「ワレカラ」という名には風情が感じられるが、その由来がわからない。「殻が割れるから」と、もっともらしく語られるが、何だか釈然としない。

われ‐から【割殻】

（乾くにしたがいその体が割れるからいう）ヨコエビ目（端脚類）ワレカラ亜目の甲殻類の総称。体は細長くシャクトリムシに似て、体長五センチメートル前後まで。頭部・腹部は小さく、胸部の後六節が著しく伸長。多くの種で胸部第三・四節の付属肢はない。海産で、海藻やコケムシ類・ヒドロ虫類などに付着して生活。アマモによく付くオオワレカラなど。古今集恋「あまの刈る藻にすむ虫の―と音《ね》をこそなかめ世をばうら見じ」の歌によって名高い。

われ‐から【我から】

①我とわが身で。自分自ら。伊勢「―身をもくだきつるかな」②自分が原因であること。自分のせい。古今恋「―と音《ね》をこそなかめ世をばうら見じ」③われながら。延慶本平家「―あはれも押へがたき御袖の上なり」

海から取り上げた海藻やロープの上をワレカラが歩く様子は、シャクトリムシが大慌てで移動する様子に似ている。大きな触角を振りながら、顔を前に突き出してずんずん進んでゆく様子には「俺が先だ！」「私が先よ！」といった自己主張めいたものが感じられる。広辞苑の「われ-から【割殻】」の次の項目は「われ-から【我から】」であり、その①には「我とわが身で。自分自ら」とあるではないか。だから「吾から！＝ワレカラ」ではないかと、これはワレカラ愛の強い私が提示する新説である。

（青木優和）

100 種以上が知られる日本産ワレカラ類のうちの 1 種，タケダワレカラ．体長は 12 mm．静岡県伊東市の沖合でチャシオグサという緑藻につかまって発見された．体色はすみかとする海藻にそっくりの美しい緑色である．伊藤敦氏提供．

執筆者一覧

（現職は刊行時のものです。）

あ行

あお ＊『科学』2016年5月号
吉澤晋（よしざわ・すすむ） 東京大学大気海洋研究所准教授。光を放つ微生物や光を利用する微生物の研究が専門。自称「光微生物ハンター」、絶対色感をなんとなく持っていると思っている。たまに絵を描く。

あかとんぼ ＊『科学』2016年10月号
二橋亮（ふたはし・りょう） 産業技術総合研究所生物プロセス研究部門主任研究員。著書（分担執筆）に『ネイチャーガイド 日本のトンボ』（文一総合出版）、『ぜんぶわかる！ トンボ』（ポプラ社）、『分子昆虫学』（共立出版）、『チョウの斑紋多様性と進化』（海游舎）など。

あさくさのり ＊『科学』2013年10月号
菊地則雄（きくち・のりお） 千葉県立中央博物館分館海の博物館主任上席研究員。専門は藻類学。特にノリの仲間に関して研究。著書（分担執筆）に『藻類ハンドブック』（エヌ・ティー・エス）など。

いたばさみ ＊『科学』2014年2月号
福島健児（ふくしま・けんじ） コロラド大学研究員。専門は進化生物学。特に食虫植物の進化を研究。

いなずま ＊『科学』2014年3月号
永野惇（ながの・あつし） 龍谷大学農学部講師。専門は植物分子生物学・情報生物学。著書に『Photobook 植物細胞の知られざる世界』（共著、化学同人）、『ゲノムが拓く生態学』（編著、文一総合出版）など。

いんばぬま ＊『科学』2016年6月号
西廣淳（にしひろ・じゅん） 東邦大学理学部准教授。専門は保全生態学・植物生態学。共著書に『保全生態学の技法――調査・研究・実践マニュアル』『保全生態学の挑戦――時間と空間のとらえ方』（以上、東京大学出版会）、『決定版！ グリーンインフラ』（日経BP社）。

うるさい ＊『科学』2014年11月号
関伸一（せき・しんいち） 森林総合研究所主任研究員。専門は鳥類生態学。鳥好きに加えて島好きが高じ、琉球列島に生息する希少鳥類の生態と系統地理についての研究に取り組む。

えんせき　＊『科学』２０１４年１月号
椎野勇太（しいの・ゆうた）　新潟大学理学部准教授。専門は古生物学・進化形態学。特に、無脊椎動物（腕足動物、三葉虫、放散虫など）を中心とした機能解析に取り組む。主な著書に『凹凸形の殻に隠された謎——腕足動物の化石探訪』（東海大学出版会）など。

おがさわらひめみずなぎどり　＊書下ろし
川上和人（かわかみ・かずと）　森林総合研究所主任研究員。専門は島嶼の鳥類学で、小笠原諸島を中心に保全や外来種管理を研究。著書に『鳥類学者だからって、鳥が好きだと思うなよ。』（新潮社）、『そもそも島に進化あり』（技術評論社）など。

おきあみ　＊『科学』２０１５年９月号
大場裕一（おおば・ゆういち）　中部大学応用生物学部准教授。専門は発光生物学。著書に『恐竜はホタルを見たか』（岩波科学ライブラリー）、『光るキノコと夜の森』（岩波書店）、『ホタルの光は、なぞだらけ』（くもん出版）など。監修に『光る生き物』（学研プラス）。

おしゃべり　＊『科学』２０１３年９月号
入江尚子（いりえ・なおこ）　駒澤大学、立教大学非常勤講師。動物行動学、動物心理学を専門とし、主にアジアゾウを対象に、数量認知や音声コミュニケーションなどを研究。

おんがわ　＊『科学』２０１５年１２月号
中島淳（なかじま・じゅん）　福岡県保健環境研究所研究員。専門は淡水魚や水生昆虫の自然史科学。著書に『湿地帯中毒——身近な魚の自然史研究』（東海大学出版部）、『日本のドジョウ　形態・生態・文化と図鑑』（山と渓谷社）など。

か　行

かげえ　＊『科学』２０１６年３月号
佐藤岳彦（さとう・たけひこ）　写真家。傍らの自然から熱帯のジャングルまで、「密やかな野生」を軸に生命の織り成す世界を追いかけている。著書に写真集『生命の森　明治神宮』（講談社）、『変形菌』（技術評論社）。

かなた　＊『科学』２０１５年１月号
片岡龍峰（かたおか・りゅうほう）　国立極地研究所准教授。専門は宇宙空間物理学。２０１５年、文部科学大臣表彰若手科学者賞受賞。著書に『オーロラ！』（岩波科学ライブラリー）、『宇宙災害——太陽と共に生きるということ』（化学同人）、『太陽フレアと宇宙災害』（ＮＨＫ

出版)など。

かんみん　＊書下ろし
奥田隆(おくだ・たかし)　在ケニア共和国国際昆虫生理生態学センター理事。専門は熱帯昆虫学。茅葺古民家でネムリユスリカに関する書籍を現在執筆中。

きょぼく　＊『科学』2016年10月号
石井弘明(いしい・ひろあき)　神戸大学農学研究科准教授。専門は樹木生理生態学。卒業旅行で出会った縄文杉の存在感に圧倒され、樹木研究の道に進む。米国ワシントン大学に留学し、西海岸の巨大針葉樹を研究し、Ph.D.を取得。セコイア、屋久杉、秋田杉などを対象にロープワークを使って木に登り、研究を行っている。文中の世界一高い木に登った唯一の日本人研究者。著書(共著)に『森林生態学』(共立出版)、近著に『生き物ワンダーランド(仮)』(文一総合出版)など。

きれつ　＊『科学』2016年8月号
中原明生(なかはら・あきお)　日本大学理工学部教授。専門はパターン形成の物理。特に最近は破壊の制御とソフトマターのレオロジーの研究に熱中している。著書に『Desiccation Cracks and their Patterns(乾燥亀裂とそのパターン)』(ワイリー社)。

くさる　＊『科学』2015年4月号
出川洋介(でがわ・ようすけ)　神奈川県立生命の星地球博物館学芸員を経て、現在、筑波大学生命環境系山岳科学センター菅平高原実験所助教。専門は接合菌類やツボカビ類など原始的なカビの系統分類学、自然史の解明。著書(分担執筆)に『岩波生物学辞典　第5版』(岩波書店)「生物分類表　菌界」など。

さ行

さくらそう　＊『科学』2016年7月号
大澤良(おおさわ・りょう)　筑波大学生命環境系教授。ソバやアブラナを対象とした植物育種学が専門。サクラソウの保全から品種成立過程までを遺伝学的に追っている。著書(編著)に『品種改良の日本史』『品種改良の世界史』(以上、悠書館)。

さとやま　＊『科学』2014年4月号
今森光彦(いまもり・みつひこ)　写真家・切り絵作家。1980年よりフリーランスの活動に入る。人と自然が共存する里山をテーマに作品を発表。熱帯雨林から砂漠まで世界各国を取材。著書に『里山物語』(新潮社)、『里山を歩こう』(岩波書店)、『世界昆虫記』(福音館書店)、『神様の森　伊勢』(小学館)など。

さんご ＊『科学』2015年2月号
服田昌之（はった・まさゆき）　お茶の水女子大学理学部生物学科教授。ミドリイシサンゴの進化と着生機構を中心とした研究を行っている。

ざんせつ ＊『科学』2014年5月号
星野保（ほしの・たもつ）　産業技術総合研究所イノベーション推進本部連携主幹。極地から砂漠まで雪の下で生活する菌類を付け回し、その観察から日本の鉱工業に寄与するとうそぶいている。著書に『菌世界紀行』（岩波科学ライブラリー）など。

しながわ ＊『科学』2012年7月号
榎原雅治（えばら・まさはる）　東京大学史料編纂所教授。日本中世史。主な著書は『日本中世地域社会の構造』（校倉書房）、『日本の中世12　村の戦争と平和』（共著、中央公論新社）、『日本の時代史11　一揆の時代』（編著、吉川弘文館）、『中世の東海道をゆく』（中公新書）、『室町幕府と地方の社会』（岩波新書）。日本中世の地方社会の多面的な解明に関心をもっている。

じみ・はで ＊『科学』2016年9月号
大村嘉人（おおむら・よしひと）　国立科学博物館植物研究部研究主幹。専門は植物分類学。地衣類の面白さを知ってもらうために「地衣類の地位向上」を目指して活動中。著者に『街なかの地衣類ハンドブック』（文一総合出版）など。

すいえい ＊『科学』2012年12月号
中島求（なかしま・もとむ）　東京工業大学工学院教授。専門はスポーツ工学・バイオメカニクス。特に水泳の力学シミュレータの開発と応用、筋骨格モデルによる人体筋負担解析、水泳ヒューマノイドロボットの開発などに取り組んでいる。

すいしょう ＊『科学』2013年5月号
門馬綱一（もんま・こういち）　国立科学博物館地学研究部研究主幹。専門は鉱物学・結晶学。共著書に『図説　鉱物の博物学』（秀和システム）、監修に『小学館の図鑑NEO　岩石・鉱物・化石』（小学館）など。

すずめ・うでがね ＊『科学』2012年10月号
三上修（みかみ・おさむ）　北海道教育大学函館校准教授。専門は鳥類生態学。特に都市において、人と鳥、あるいは、人の作り出した文化・文明と鳥との関係について研究している。趣味はマンホールの蓋の撮影だが、カラーのものは好まない。著書に『スズメ――つかず・はなれず・二千年』（岩波科学ライブラリー）、『身近な鳥の生活図鑑』(ちくま新書)など。

スノーボールアース　＊書下ろし
田近英一(たぢか・えいいち)　東京大学大学院理学系研究科教授。理学博士。専門は地球惑星システム科学、アストロバイオロジー。著書に『凍った地球――スノーボールアースと生命進化の物語』(新潮社)、『地球環境46億年の大変動史』(化学同人)など。

せいそ　＊『科学』2013年8月号
大石善隆(おおいし・よしたか)　福井県立大学学術教養センター講師。博士(農学)。専門は植物生態学。「小さなコケの世界」から生態系の解明や自然環境の保全に取り組んでいる。また、コケと日本文化との関わりなどについても研究。著書に『苔三昧――モコモコ・うるうる・寺めぐり』(岩波書店)などがある。

せだかへび　＊書下ろし
細将貴(ほそ・まさき)　京都大学白眉センター特定助教。博士(理学)。専門は進化生物学。著書に『右利きのヘビ仮説――追うヘビ、逃げるカタツムリの右と左の共進化』(東海大学出版会)など。本当はヘビより植物のほうが好き。

た・な行

つめたい　＊『科学』2016年11月号
乾睦子(いぬい・むつこ)　国士舘大学理工学部教授。専門は変成岩岩石学だが、建物やお墓に使われる石材の採掘・加工の歴史についても調べている。

てづるもづる　＊『科学』2013年2月号
藤田敏彦(ふじた・としひこ)　国立科学博物館動物研究部海生無脊椎動物研究グループ長。東京大学大学院理学系研究科教授。専門は動物系統分類学・海洋生物学。棘皮動物を中心に研究を進めている。著書に『動物の系統分類と進化』(裳華房)など。

とりかえばやものがたり　＊『科学』2014年7月号
吉澤和徳(よしざわ・かずのり)　北海道大学大学院農学研究院准教授。専門は昆虫体系学。新潟県小千谷市出身。トリカヘチャタテの研究により2017年イグ・ノーベル賞を受賞。

なかやうきちろう　＊『科学』2012年9月号
神田健三(かんだ・けんぞう)　中谷宇吉郎雪の科学館(石川県加賀市)の元館長。同館友の会会長。雪・氷実験の普及で小柴昌俊科学教育賞奨励賞を受賞。2005年と2016年にラトビアで雪・氷実験のワークショップを行う。『中谷宇吉郎の森羅万象帖』(LIXIL出版)に寄稿、『雪と氷』(PHP研究所)の解説を執筆。

におい ＊『科学』2014年9月号
奥山雄大(おくやま・ゆうだい) 国立科学博物館植物研究部研究主幹。花と昆虫の共生関係に魅せられ植物学の世界に入門。以来、主としてチャルメルソウの仲間を中心に植物の進化や生態を研究している。編著書に『種間関係の生物学』(文一総合出版)など。

にしのしま ＊『科学』2018年2月号
白尾元理(しらお・もとまろ) 写真家。専門は火山地質学。1986年の伊豆大島噴火をきっかけに火山の本格的な撮影を始める。著書に『日本列島の20億年』『地球全史』『地球全史の歩き方』(以上、岩波書店)、『火山全景』(誠文堂新光社)など多数。

にてひなり ＊『科学』2016年4月号
保谷彰彦(ほや・あきひこ) サイエンスライター。東京外国語大学、東京造形大学非常勤講師。博士(学術)。専門は植物の進化や生態。著書に『タンポポハンドブック』(文一総合出版)、『わたしのタンポポ研究』(さ・え・ら書房)、『身近な草花「雑草」のヒミツ』(誠文堂新光社)など。

ニホニウム ＊書下ろし
江沢洋(えざわ・ひろし) 学習院大学名誉教授。専門は理論物理学。著書に『科学のすすめ』(共著、岩波ジュニア新書)、『理科を歩む――歴史に学ぶ』(新曜社)、『相対性理論とは?』(日本評論社)、『教室からとびだせ物理』(東京物理サークルと共著、数学書房)など。

にほんざる ＊『科学』2016年2月号
小宮輝之(こみや・てるゆき) 上野動物園元園長。足拓墨師。動物の足拓1100種を収集。著書に『哺乳類の足型・足跡ハンドブック』『鳥の足型・足跡ハンドブック』(以上、共著、文一総合出版)、『ほんとのおおきさてがたあしがた図鑑』(学研)、『あしあと動物園』(ぱる出版)など。

ねんこう ＊書下ろし
中川毅(なかがわ・たけし) 立命館大学古気候学研究センター長。専門は過去の気候変動の復元。2006年から、水月湖年縞研究国際コンソーシアムのリーダー。著書に『時を刻む湖』(岩波科学ライブラリー)、『人類と気候の10万年史』(講談社ブルーバックス)。

は・ま・や・ら・わ行

へいばん ＊『科学』2014年10月号
中野裕昭（なかの・ひろあき） 筑波大学下田臨海実験センター生命環境系准教授。専門は進化学。後生動物、左右相称動物、新口動物の起源や進化を平板動物、珍渦虫、ウミユリなどマイナーな動物を用いて研究している。JAMBIO沿岸生物合同調査も取りまとめている。

へんぼう ＊『科学』2015年11月号
高橋邦夫（たかはし・くにお） 国立極地研究所生物圏研究グループ助教、総合研究大学院大学極域科学専攻助教。専門は海洋生態学。これまでに北極調査へ1度、南極調査へ10度参加。極域海洋に生息する動物性のプランクトンに焦点を当てた研究に取り組んでいる。著書に『南極海に生きる動物プランクトン――地球環境の変動を探る』（成山堂書店）。

ほのか ＊『科学』2014年12月号
片岡龍峰（かたおか・りゅうほう） 前出（「かなた」）

まめでっぽう ＊『科学』2015年8月号
藤田祐樹（ふじた・まさき） 国立科学博物館人類研究部研究員。旧石器人の痕跡を求めて沖縄の洞窟遺跡で発掘調査に汗を流す人類学者だが、なぜか鳥の歩行も研究している（ヒトも鳥も二足歩行だから）。著書に『ハトはなぜ首を振って歩くのか』（岩波科学ライブラリー）。

むれる ＊『科学』2012年11月号
前野ウルド浩太郎（まえの・うるど・こうたろう） 国際農林水産業研究センター研究員。アフリカで大発生し、農作物を喰い荒らすバッタの研究に従事。著書に『孤独なバッタが群れるとき』（東海大学出版部）、『バッタを倒しにアフリカへ』（光文社新書）。

もこもこ ＊『科学』2014年6月号
岩瀬哲（いわせ・あきら） 理化学研究所環境資源科学研究センター研究員。専門は植物細胞の脱分化・再分化の分子メカニズム。幼少期から植物に魅せられて現在の道に。週末は身近な生物の多様性と相互作用について家族と発見を楽しんでいる。著書（共著）に『植物学の百科事典』（丸善出版）。

やせい ＊『科学』2013年6月号
塚谷裕一（つかや・ひろかず） 東京大学大学院理学系研究科教授。植物学者。葉の形作りの仕組みを発生遺伝学的に調べる傍ら、東南アジア熱帯林で新種の植物の探索もしている。趣味多数。著書に『森を食べる植物』（岩波書店）、『スキマの植物図鑑』（中公新書）など。

りんりつ　＊『科学』2013年1月号
伊村智（いむら・さとし）　国立極地研究所教授。南北両極、高山などの、極限環境下のコケを中心とした生態学に取り組んでいる。

わらすぼ　＊『科学』2015年8月号
佐藤正典（さとう・まさのり）　鹿児島大学理学系教授。専門は、底生生物学（特に、ゴカイ類の分類や生態について）。著書に『海をよみがえらせる――諫早湾の再生から考える』（岩波ブックレット）など。

われから　＊『科学』2012年8月号
青木優和（あおき・まさかず）　東北大学大学院農学研究科准教授。専門は海洋生態学。とくに沿岸岩礁生態系における動物と海藻の相互関係について、潜水による野外調査と実験によって研究。著書に『親子関係の進化生態学』（北海道大学図書刊行会）、『天草の渚』『甲殻類学』（以上、東海大学出版会）、『海藻の疑問50』（成山堂書店）など。

岩波 科学ライブラリー 270
広辞苑を3倍楽しむ その2

2018年2月22日 第1刷発行
2018年4月16日 第2刷発行

編 者 岩波書店編集部

発行者 岡本 厚

発行所 株式会社 岩波書店
〒101-8002 東京都千代田区一ツ橋2-5-5
電話案内 03-5210-4000
http://www.iwanami.co.jp/

印刷製本・法令印刷 カバー・半七印刷

ISBN 978-4-00-029670-0 Printed in Japan

●岩波科学ライブラリー〈既刊書〉

267 小澤祥司
うつも肥満も腸内細菌に訊け!
本体一三〇〇円

腸内細菌の新たな働きが、つぎつぎと明らかにされている。つくり出した物質が神経やホルモンをとおして脳にも作用し、さまざまな病気や、食欲、感情や精神にまで関与する。あなたの不調も腸内細菌の乱れが原因かもしれない。

268 小山真人
ドローンで迫る　伊豆半島の衝突
カラー版 本体一七〇〇円

美しくダイナミックな地形・地質を約百点のドローン撮影写真で紹介。中心となるのは、伊豆半島と本州の衝突が進行し、富士山・伊豆東部火山群・箱根山・伊豆大島などの火山活動も活発な地域である。

269 諏訪兼位
岩石はどうしてできたか
本体一四〇〇円

泥臭いと言われつつ岩石にのめり込んで70年の著者とともにたどる岩石学の歴史。岩石の源は水かマグマか、この論争から出発し、やがて地球史や生物進化の解明に大きな役割を果たし、月の探査に活躍するまでを描く。

270 岩波書店編集部編
広辞苑を3倍楽しむ　その2
カラー版 本体一五〇〇円

各界で活躍する著者たちが広辞苑から選んだ言葉を話のタネに、科学にまつわるエッセイと美しい写真で描きだすサイエンス・ワールド。第七版で新しく加わった旬な言葉についての書下ろしも加えて、厳選の50連発。

271 廣瀬雅代、稲垣佑典、深谷肇一
サンプリングって何だろう
統計を使って全体を知る方法
本体一二〇〇円

ビッグデータといえども、扱うデータはあくまでも全体の一部だ。その一部のデータからなぜ全体がわかるのか。データの偏りは避けられるのか。統計学の基本中の基本であるサンプリングについて徹底的にわかりやすく解説する。

定価は表示価格に消費税が加算されます。二〇一八年四月現在